バージニア州南西部の ペンシルバニア（石炭紀）時代の植物化石ガイド

すべての問い合わせの宛先は次のとおりです:

Book Domain LLC.
543 E Louise Dr Phoenix, Az 85050

注文情報: 金額取引。
企業、団体などが購入した金額に対して、特別なリベートが 受けられます。興
味のある点については、上記のアドレスの販売代理店 にお問い合わせくだ
さい。

アメリカ合衆国で印刷されています。

ISBN-13   Paperback: 978-1-964100-93-7
             eBook: 978-1-964100-92-0

バージニア州南西部の ペンシルバニア（石炭紀）時代の植物化石ガイド

原稿1

THOMAS F. MCLOUGHLIN

GEOLOGIST, M.S.

PUNK DOMAIN LLC
Publish to Perfection...

ペンシルバニア州の石炭湿地の植生の復 元。
湿地とその周囲に生育する多くの種類 の
植物の複合体 *(Kukuk, Paul, 1938).*

了承

この本は、コ「トランド F. エイブル博士の献身的な支 援なしには完成しませんでした。とアルトン・ドゥーリー は、それぞれケンタッキー州レキシントンのケンタッキー 地質調査所とバージニア州マーティンズビルの自然史博物　館の古生物学者である。彼らは原稿の編集を手伝ってくれ　ました。多くのシダ化石の分類については、コネチカット 州ニューヘイブンにあるエール・ピーボディ自然史博物館　の古植物学者であり、古植物学部門のコレクションマネー　ジャーであるシュシェン・フー博士によって支援された。

　また、家にある化石標本が入った多数の箱を辛抱強く　受け入れてくれた妻のベスにも感謝したいと思います。私　がコレクションを自然史博物館に寄贈したとき、彼女はと ても安心しました。

　プレートにリストされている化石はすべて著者が収集　し、写真を撮影したものです

序文

　私は過去 27 年以上をバージニア州南西部の瀝青炭鉱山 と
その周辺で過ごしてきました。私が地質学者であるこ　とを炭
鉱労働者が知ると、最もよく聞かれる質問は「鉱山　の屋根で
見られる化石の種類は何ですか?」というもので　す。私は最善
の返答をしますが、植物の痕跡が数百万年前　の泥炭形成湿
地で育った植生を表しているということを彼　らに共感させる
のは困難です。ほとんどの人はシダのよう　な化石を認識して
いますが、木の根の一部と木そのものの　正体について混乱し
ています。多くの人は、この化石は古　代の植物の化石ではな
く、魚や爬虫類の保存された残骸で あると信じています。

　　私は化石のおかげで地質学に興味を持つようになりま　し
た。この出版物の目的は、基本的な古植物学の分野で蓄　積さ
れた経験を共有し、バージニア州の石炭田で採れる、　より一
般的な炭素紀の植物の化石を同定するための図鑑を 提供す
ることです。特にターゲットにされるのは、あらゆ　る年齢層の
岩猟犬や地質学者志望者です。

　　1977 年に、私はケンタッキー州モアヘッドにあるモア ヘッ
ド州立大学（MSU）で理学士号を取得しました。1980 年の
春、私はケンタッキー州リッチモンドにあるイースタ ン ケンタ
ッキー大学（EKU）を地質学の修士号を取得して 卒業しまし
た。

　　その間、私の地質学的経験の大部分は、米国鉱山局と　の
契約の恩恵による地下炭鉱の屋根の安定性という地質学 的
側面に集中していましたMSU教授、デイビッド・K・ヒルバート

博士。私の地質学　者としての成功の大部分は、ヒルバート博士、EKUでの　私の論文指導顧問であるハリー・ホージ博士、そして　MSU　在学中の古生物学教授であるジュール・デュバー博 士のおかげです。したがって、私は彼らの指導とインスピレーションに感謝するために、この出版物を彼らに捧げた　いと思います。

導入

化石は長い間人々を興奮させてきましたが、約 400 年 間、この用語は、地球から掘り出され、有機起源を持つように見えるほぼすべてのものを指すのに使用されていました。「化石」は古生物学者によって、以前の生命の存在 を表すあらゆる物体として定義されており、この用語は動物の足跡や糞石（糞便ペレット）などのさまざまな痕跡化 石の保存にも当てはまります。慣例により、この用語の使 用は通常、10,000 年以上前の遺跡に限定されています。

　化石化した植物の残骸の研究は古植物学と呼ばれま す。地質時代を通して植物が地球にどのように生息していたのかを理解することで、古植物学者は植物界の歴史をつなぎ合わせ始めることができます。化石植物にはさまざまな形や大きさがあり、地質時代を通じて変化します。何百万年も前に生息していた種を調べて特定すると、生態学的、つまり進化上の出来事を垣間見ることができます。一 般に、生物の保存には、軟体の部分が完全に腐朽するか、特定の種類の生物として識別できない程度に断片化する前に、堆積物、通常は粘土（泥）、シルト、または細粒砂に迅速に埋める必要があります。保存後であっても、化石を運ぶ岩石が風化や浸食によって破壊される前に発見され、収集される化石はほとんどありません。

　化石植物はさまざまな方法で保存できます。最も一般的には、植物の形状が堆積物に刻印されます。このプロセス中に植物材料が水に落ち、水浸しになり、水底に沈み、堆積物に囲まれて覆われています。追加の堆 積物の重量がゆっくりと増

加すると、水と空気が押し出され、植物材料だけが残ります。平らになった植物の部分は、地層の一方の層に化石の圧縮として現れ、もう一方の層には刻印された対応物または「印象」が含まれています。

　　小川や川が堤防を氾濫させたり、流れを変えたりする洪水の際、植物の適切な生育位置にある根系、幹、枝が堆積物に飲み込まれることがよくあります。堆積物は部分的または完全に腐敗した植物(有機)材料を置き換え、結果として生じる空洞(または型)の壁が正確な詳細を備えて形成されます。この方法で埋められた立木または幹の鋳物は、基部がフレアまたはボウル状で上向きに先細になっているため、鉱山業界では「ケトルボトム」または「ストーブパイプ」と呼ばれています。

　　多くの場合、埋設の深さが増すにつれて、熱と圧力が増大し、元の有機組織が徐々に失われ、炭素質物質(石炭)の層だけが残ります。これは炭化として知られるプロセスです。多くの場合、これらの化石は、葉、樹皮、枝の最も繊細な細部まで、ほぼ実物と同じように保存されているため、最も壮観で「美しい」ものです。これらの化石の例では、静脈とフィラメントが鮮明な浮き彫りで際立っています。これは炭層で見られる典型的なタイプの保存物です。

　　木が堆積物に埋もれ、水が地面に浸透した場合、生物の個々の細胞は、シリカ(石英または碧玉)、炭酸カルシウム(方解石)、または炭酸鉄マグネシウム(鉄石)などの溶解した鉱物に置き換えられる可能性があります。これは生物の石化をもたらします。

　　米国のアパラチア地域には、石炭紀(3億6,000万年から2億8,600万年前)の繁栄した生態系を表す植物の化石がたくさんあります。このガイドは、その時代に最も広く普及し、一般的に見られた植物相に焦点を当てています。独特な水の化学反応と熱帯気候が広範囲にわたって生み出した x

　　バージニア州南西部のペンシルバニア(石炭紀)時代の植物化石ガイドアパラチア山脈の石炭湿地。このような状況では、動物の硬い部分は保存状態が良くないため、発見される

ことは非常にまれです。汽水域から浅海の腕足類までのいくつかの貝化石は、三州地域（バージニア州、ウェストバージニア州、ケンタッキー州）の特定の岩石単位（たとえば、ワイズ層のマゴフィン層）に局所的に豊富に存在することがあります。植物化石に関連する少数の鱗脚類とオウムガイも収集されました。しかし、これらは非常に小さいため、素人の目には簡単に見落とされます。多数の植物化石が発見されていますが、植物は非常に腐敗しやすいため、これらはおそらく存在した豊富な植物相のほんの一部にすぎません。

　この出版物に掲載されている標本の大部分は、バージニア州南西部の炭鉱から収集されました。バージニア州で採掘される数多くの炭層のうち、最適な保存につながる特別な条件を備えた炭層がいくつかあります。これらには、Jawbone、Lower　Banner、UpperBanner、Splashdam、Kennedy、Hagy、Taggartの縫い目が含まれます。これらの地層はすべてペンシルバニア時代のものです（標準的な地質年代スケールを図1に示します）。収集場所の場所は付録Aにリストされています。

　この参考文献全体を通して、絶滅した植物で観察された構造の解釈を助けるために、化石植物と現在の植物の間で比較が行われています。現在生息していることが確認されている植物のいくつかは化石としても保存されており、形態（外観）にわずかな変化が見られます。最も注目に値するのは、カラマイトと呼ばれる絶滅した植物のグループです。現代のスギナはカラミテスと密接に関連していますが、スギナのサイズははるかに小さいです。

Geologic * Time Scale

Era	Period		Epoch	
Cenozoic	Quaternary		Holocene (Recent)	0.01 myrs***
			Pleistocene	
	Tertiary	Neogene	Pliocene	23.7 myrs
			Miocene	
		Paleogene	Oligocene	
			Eocene	
			Paleocene	65 myrs
Mesozoic (Middle Life)	Cretaceous			
	Jurassic			
	Triassic			248 myrs
Paleozoic	Permian			286 myrs
	Carboniferous	Pennsylvanian	Glamorgan coal Clintwood coal Norton coal	Pardee(=Parsons) coal seam * ** Phillips Lowsplint coal seam Taggart coal seam Taggart Marker coal seam Harlan coal seam Imboden coal seam Hagy coal seam Glamorgan Splashdam coal seam Upper Banner coal seam Lower Banner coal seam Kennedy Clintwood Blair coal seam Aily coal seam Jawbone coal seam Tiller coal seam Pocahontas No. 3 coal seam
		Mississippian		320 myrs
	Devonian			360 myrs
	Silurian			
	Ordovician			
	Cambrian			590 myrs
	Precambrian			4,600 myrs

* Modified from Geologic Time Scale posted on the United States Geological Survey Web site.

** Millions of Years Before Present

*** Relative stratigraphic positions of coal horizons in Southwestern Virginia from which plant fossils have been collected.

Figure 1 一般化された地質学的時間スケール と 化石が収集された炭層層を示しています。

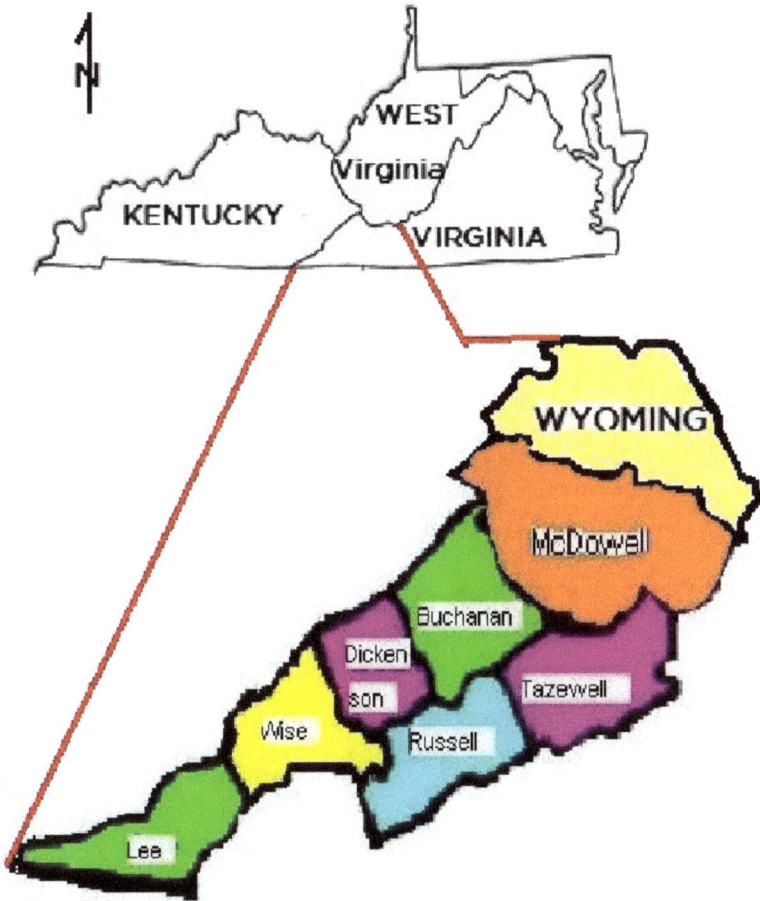

Figure 2: バージニア州南西部、マクダウェル 郡、
ウェストバージニア州ワイオミング郡から 化石植物
が収集された調査地域へのインデック スマップ。

植物化石の収集

初心者にとって、植物の化石や化石一般を見つけるのはイライラするかもしれません。多くの場合、最初のタイムアウト、または2回目のタイムアウトでさえ生産的ではない可能性があります。しかし、忍耐力（忍耐力）が勝つことを学びました。ある程度の運も関係します。

　　立ち入りや採取には地主の許可が必要です。施錠された門や「立入禁止」の標識を渡らないでください。誘惑に駆られるかもしれませんが、放棄された炭鉱は常に立ち入りを禁止されています。

　　収集を成功させるために必要な基本的な道具は次のとおりです。(1)石工のハンマー-先端がチゼル（幅広の刃）になっているもの。(2)大きな岩用の手持ち式岩割り機。(3)手袋。(4)　　安全ゴーグルまたはその他の目を保護するもの。(5)安全靴/つま先の硬いブーツ、および(6)ヘルメット（図3を参照）。落下する破片から身を守るために、常にヘルメットと適切な靴を着用してください。安全第一を忘れないでください。化石採取地のリストは通常　　　公開されていません。野外旅行を計画する際、自分の地域の地質図と地形図の四角形図の使い方を学ぶことで、自分の場所を見つけることができます。コレクターにとって有益な情報が豊富に含まれています。

　　植物の化石は通常、石炭層または炭層の直上で発見されます。見つけたら、まず崖錐（つまり、風化した物質、つまり露頭や道路の切り込みの基部に蓄積する岩の破片）の簡単な調査を実施します。

　地域に化石が産出する可能性があることが判明したら、岩石の破壊を開始します。狩りを始める前に、安全装備を忘れずに着用してください。労力の成果が得られるまでに、多くの岩を割ったり、再割ったりする必要があるため、ここでは忍耐が必要です。実際、多くの場合、地層は非常に深く風化しているため、本来なら完全な標本だったものの断片だけが小さな破片として出てくるか、手の中で崩れてしまいます。したがって、より硬い岩に到達するには、ある程度の掘削が必要です。多くの場合、化石が存在する地平線を見つけるために、露頭内を横方向および縦方向に移動する必要があります。経験に基づく最善のアドバイスは、化石を追跡することです。映画『オズの魔法使』のように、かつて「黄色いレンガの道」を進んだ人は、標本の起源を求めて距骨から上向きに進み続けました。また、冒頭で説明したように、カタツムリや二枚貝などの海洋性の化石との遭遇にも注意してください。プロの地質学者の訓練された目をすり抜けた化石を発見できるかもしれません。

　標本を自宅に運ぶ際には、車両内の過度の振動による潜在的な有害な影響に対して必ず予防措置を講じてください。岩の大きさや硬さに関係なく、必ずパッドをたっぷりと使用してください。家に到着したら、次のステップは標本を洗浄することです。非常に細くて柔らかいヘアブラシ（最も推奨されるのはラクダの毛で作られたもの）を使用して、ほこりの破片を取り除きます。廃棄する器具については歯科医に相談してください。彼らは、岩石の薄い表層を破壊して植物の化石をより完全に露出させるための優れたツールを作っていることを彼に伝えました。

　次に、賞品を写真に撮って他の人と共有します（コンピューター画面用の素晴らしい壁紙になるものもあります）。化石の色とその母材のコントラストが非常に小さい場合、標本の美しさを最大限に引き出すために非常に薄いポリウレタンのコーティングが必要になる場合があります。このプロセスは岩石の崩壊速度を遅らせ、化石への大きな損傷からも守ります。ほとんどカーボンの薄い膜で保存されているため、特に頻繁に扱

うと時間の経過とともに剥がれ落ちたり剥がれたりする可能性があります。

　アクリル絵の具または修正液を使用して、サンプルが採取された場所を記録するのに十分な大きさの領域を作成します。他の人が自分のサイトを見つけたいと思ってそのサイトを訪問したいと思うかもしれません。追加情報が記載された身分証明書は、多くの場合、化石を保管/展示するのと同じ容器または場所に含まれています。

　化石の特定の名前や分類を特定するには、多くの練習が必要です。まずは図書館に行って参考書を探すのが一番良い方法です。ほとんどのサイトには、最も一般的な植物の化石の写真や図が掲載されており、自分の化石と比較できます。化石の名前を確認するには、書籍に記載されている説明を読んでください。属と種を特定するには、通常、地質学者、さらには古生物学者との相談が必要です。(私がそうであったように)インターネットを閲覧すると、非常に貴重な情報が得られることもあります。

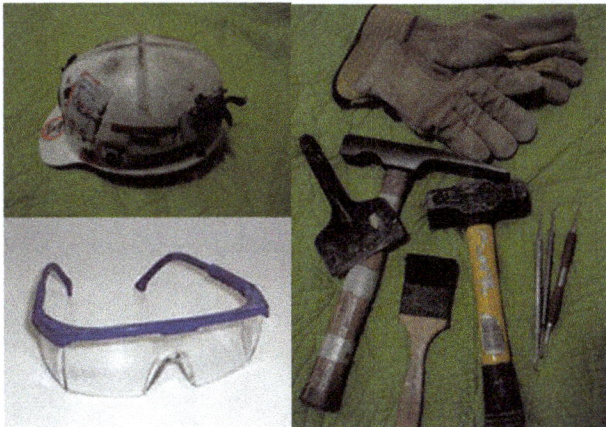

Figure3:化石採取のための安全装置と道具。ラクダの毛のブラシと古い歯科医の道具は、保護シーラントと写真撮影の準備として化石をきれいにし、ドレスアップするために使用されます。

コンテンツ

第1章

跳躍性のヒカゲノカズラ
（クラブモス、鱗の木）
レピドデンドロン

レピドデンドロン-この植物は、このヒカゲノカズラの樹皮に特徴的な涙滴またはダイヤモンド形のパターンがあるため、「鱗の木」と呼ばれることもあります。爬虫類やヘビの皮膚の鱗と間違われることがよくあります。それぞれの鱗状の特徴は、目のように見える小さなくぼみによって強調されています。この植物の現代の近縁種は、「グランドパイン」、「ランニングスギ」、および「クラブモス」またはLycopodiumです（図4a）。その結果、レピドデンドロンは巨大な「クラブモス」と形容されてきました。LepidodendronもLycopoiumも松、杉、苔ではないことに注意してください。枝の傷跡の形態は、主幹に見られる傷跡のミニチュアバージョンとして表示されます。それらは、大きさが1〜2インチの楕円形のくぼみとして現れます。樹皮に凹んだほぼ円形のドーム状の特徴として現れるものもあります。ウロデンドロンと呼ばれるものがあります（プレートI-ウロデンドロンを参照）。また、一部の科学者は、これらの浅い涙滴

1

型の特徴は、動物の付着点を表しているのではないかと考えています。

　生殖錐体または鞘。これらの植物は一般に98フィートもの高さであり、石炭紀にはよく見られました。

　グランドパインとクラブモスは、斑点状に生える小さな鱗状の葉を持つ小型の松の木のような小さな陸生常緑樹の一般名です(図4を参照)。Lycpodium属およびLycpodium属およびLycophytaの他のメンバー(クラブモス)は、石炭紀に巨大な木(例:Lepidodendron)として起源を持ちます(図4)。

a　　　　　　　　b　　　　　　　　c

図4:aとbは「グランドパイン」(クラブ)の例です。
コケ)生殖錐体(矢印)を持つ。Lycopodiumsp.(
左)とLycops(右)生きているLepidodendronの
子孫。c.生殖器官を備えたレピドデンドロンの復
元オレンジ色で表示されます。Gillespie、W.H.ら
の後に修正されました。アル、1978年。

　レピドデンドロンの解剖学(つまり、組織細胞の顕微鏡検査)が理解される前は、植物の茎の総称は、皮剥きのさまざまな段階、つまり腐敗状態での保存から生じる同じ植物の形態

のさまざまな外観に基づいていました。クノリアを含む一般的な用語、

　　　BergeriaおよびAspidiariaは説明目的のみで残されています(図5)。これらの茎キャストの形態については、Seward(1898)によってより詳細に説明されています。これらのうち2つ(2)が図I(Lepidodendron番号2、3、および4)に示されています。

　　　レピドデンドロン属の種は、樹皮表面の葉のクッションの模様と形態に基づいて分類されます。シギラリア属とレピドデンドロンは、葉のクッションと傷跡の配置によって区別されます。シギラリア属の葉は、茎に沿って螺旋状に散在するレピドデンドロンの葉とは対照的に、垂直の柱状に形成されます。レピドデンドロン属のよく保存された葉のクッションの特徴は、縦方向に細長い菱形または紡錘形のクッションで、魚や爬虫類の鱗を彷彿とさせます。そのため、「鱗の木」という用語は、レピドデンドロンと関連付けられています。葉の傷跡、つまり葉の基部の付着場所は、葉のクッションの中央部分にある、明確に定義された滑らかな領域です。レピドデンドロン属の種を命名するための解剖学的特徴は、図版II(レピドデンドロン)の番号1、6、6aと図版III(レピドデンドロン)の番号2aと3aに示されています。

　　　この刊行物の出版日現在、バージニア州南西部の炭田でレピディオデンドロン属のすべての種が発見されているわけではありません。しかし、バージニア州のすべての炭層層が調査されたわけではありません。今後の研究で、レピディオデンドロン属の新たな形態や、その他の古生代植物が発見されるかもしれません。

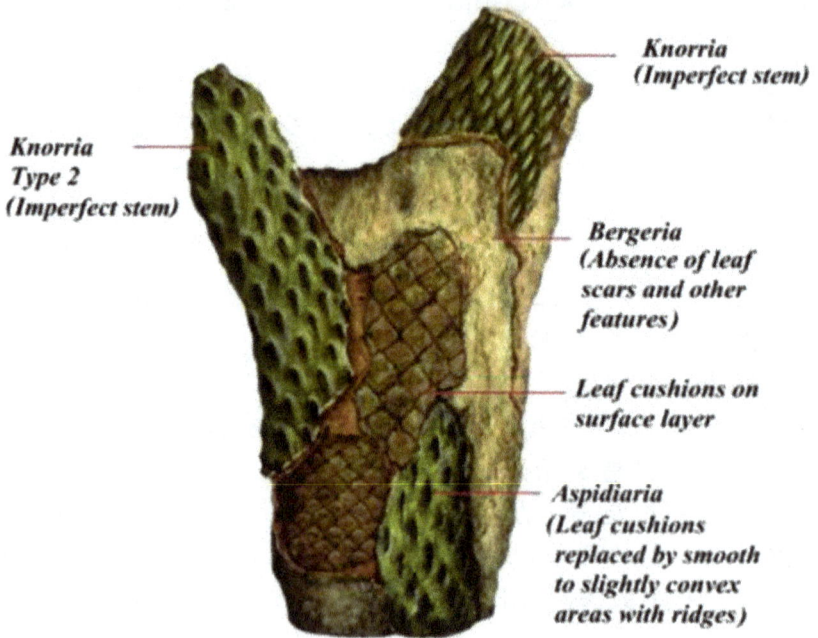

Knorria
(Imperfect stem)

Knorria
Type 2
(Imperfect stem)

Bergeria
(Absence of leaf
scars and other
features)

Leaf cushions on
surface layer

Aspidiaria
(Leaf cushions
replaced by smooth
to slightly convex
areas with ridges)

Figure 5: 鱗状歯類の標本を用いた、剥離のさまざまな段階または腐敗の状態の図解。Seward, A.C., 1889, Vol II, 図 156, p. 125 を元に改変。カラー化 は Jon Hughes / www.fhdigital.com の厚意による。

プレートI

1. 砂岩に保存された *Lepidodendron aculeatum*。バージニア州ワイズ郡コーバーンの東約 1.5 マイ ル、*Alt. State Route 58 North* 沿いのケネディ炭層 の真上にある地層から採取されました。

2. 頁岩の中に保存されたアスピディアリアの皮剥段階のレピドデンドロン・ベルセイミアヌム。

3. *Lepidodendron veltheimianum Aspidiaria* 段階。4. バージニア州ワイズ郡ローダの北、マッド リック クリーク沿いのパーソンズ炭層の鉱山の天井層か ら採集。

4. 頁岩に保存された、ノリア段階の脱皮段階にある *Lepidodendron veltheimianum*。バージニア州ワイ ズ郡ローダの近くのマッド リック クリーク沿い のパーソンズ炭層の炭鉱の天板岩から採取された 標本。バージニア州ディケンソン郡バクーの近く のアッパー バナー炭層の炭鉱の天板層から採取さ れた標本。

5. 頁岩に保存された *Lepidodendron veltheimianum*。バージニア州ワイズ郡コーバーンの北西にある ローワー バナー/スプラッシュダム炭層の鉱山の 天井層から収集されました。

6. 6a. 頁岩に保存されたレピドデンドロン・オボバツム。収集 バージニア州ワイズ郡ストーンガのタガートマー カー炭層の鉱山の天井層から.

7. レピドデンドロン・ハロニア。7a 裏面。バージニア州ワイズ郡ローダの北、マッド リック クリーク沿いのパーソンズ炭層の鉱山の天盤地 層。

プレートⅡ

1. 青いボックス内の ***Bothrodendron cf. B. punctatum***。1a. 赤いボックスで囲まれた領域の外　層下の形態の拡大図。バージニア州ワイズ郡ロー　ダの北、マッド　リック　クリーク沿いのパーソン　ズ炭層の天板層から採取。

2. レピドデンドロン　オボバタム。表面形態の拡大　図。バージニア州ブキャナン郡ハーレー　ショート　ギャップ近くのアブナーズ　フォーク (St. Rt. 670) 沿いのスプラッシュダム炭層の鉱山の天井層から 採集。

3. ***Lepidodendron obovatum***。3a。表面形態の拡大　図。バージニア州ブキャナン郡ショートギャップ　付近、セント・ルート 460 北西のティラー炭層の　鉱山の天井層から採集。

4. ***Lepidodendron obovatum***。4a。表面形態の拡大　図。ウェストバージニア州マクドウェル郡スクワ　イアの北東 7.7 マイル、キューカンバー　クリーク　源流のポカホンタス No. 3 炭層の鉱山の天井層か　ら採集。

プレートⅢ

1.1a，灰色粘土頁岩に生えるレピドデンドロン・オボバタ　ム。採集　バージニア州ディケンソン郡ハシシ近郊の　州間高速道　路 80 号線北沿いの道路切通しにある　アッパー　バナー　炭層の露頭から採掘されました。

2. 中粒砂岩のレピドデンドロン・アクレアタム　表面形態の拡大図。バージニア州コーバーンワイズか　ら1.5マイル、オルトセントルート58の西行き車線から　約50フィート離れたアイリー炭層の上から採取。

1

2

3

4

5

6

6a

7

7a

プレートⅠ鱗翅目

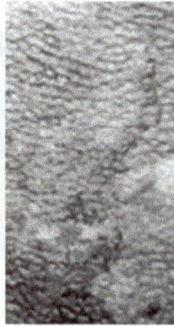

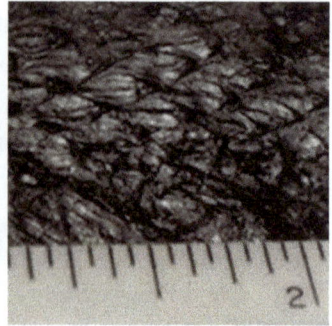

1　　　　　　　1a　　　　　　　　2

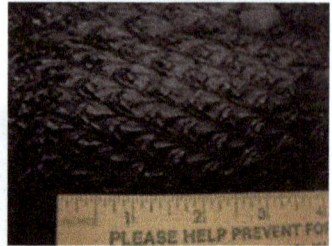

3　　　　　　　　　　3a

4　　　　　　　　　　4a

プレート *II* レピドデンドロン

プレート III レピドデンドロン

プレートI

1. ウロデンドロンが頁岩の中に保存されており、2つの明確な 枝の傷跡。1a。枝に栄養分を運んでいたと考えられ る構造の付着点を示す枝の傷跡の拡大部分。1b。特 徴的なハニカム状のパターンを示すために、外層の 一部を大幅に拡大。バージニア州ワイズ郡、アパラ チア山脈のタガート炭層で開発された鉱山の天盤岩 から採取された標本。2。ウロデンドロン枝の傷跡の 頁岩型。

3. 灰色の頁岩の中に保存されたウロデンドロン・マジュス。はっきりとした枝の傷跡。3a.   枝の傷跡と表面の 質感を示す外層の拡大部分。バージニア州セント ポールの炭鉱夫ザカリア・エドワーズが、バージ ニア州ブキャナン郡バンサント近くのポカホンタス第 3 炭層から収集しました。私は写真撮影と本 出版物への掲載を許可されました。

* ウロデンドロンとは化石樹木の一種の属名である。かつてはレピドデンドロン属の一部であると考え られていた (ヒカゲノカズラ科) の茎 (Thomas, 1968)。

3   3a

プレート1 ウロデンドロン

図版 I—レピドデンドロンとシギラリアの生殖器官

1. 頁岩中の ***Lepidophlois sp.*** ブレア炭層のすぐ上から採集されたものです。バージニア州ワイズ郡アパラチアのアパラチア高校から約 0.5 マイル離れ た、代替州道 58 号線沿いのワイズ層で採集され ました。

2. 頁岩中の ***Lepidophyllum sp.***。バージニア州ワイズ 郡ローダの北東 2.4 マイルにあるマッド リック ク リーク沿いのパーソンズ炭層の天端層から採取さ れました。

3. 頁岩中の ***Lepidostrobus sp.***。バージニア州ワイズ 郡、州道 78 号線、ストーンガ ロードのストーン ガから 2.4 マイル北に位置する Lowsplint 炭層の鉱 山の天井層から採集されました。

4. 頁岩に生息する Lepidostrobus sp. のペア。バージ ニア州ワイズ郡ローダの北東 2.4 マイルにある マッ ド リック クリーク沿いのパーソンズ炭層の 天端層から採集されました。

5. Lepidostrobus sp. の鋳造物。6. Lepidostrobus sp. のカ ビ。両方とも頁岩に保存されています。バージニ ア州ブキャナン郡グランディの東 8 マイル、ス レート クリーク (州道 83) から 0.7 マイル北のス ミス ブランチ (州道 701) 沿いにあるスプラッシュ ダム炭層の鉱山の天井層から収集されました。

7. 頁岩の ***Sigillariastrobus Schimper Feistmante***。シギラ リア属の生殖球果。レピドデンドロン属の ものと異なり、シギラリアストロバス属は群生 し、枝の先端ではなく、枝の奥に付着していまし た。バージニア州ワイズ郡、ストーンガ ロード (州道 78 号線) のストーンガから 2.4 マイル北にあ るロウスプリント炭層の鉱山の天井層から採取さ れました。

図版 II—レピドデンドロンとシギラリアの生殖器官

1. 頁岩中の *Lepidostrobus sp*。
   ローワー ボリング（＝インボーデン炭層）。場所 は、バージニア州ワイズ郡パウンドの南、州道 364 号線（ビーン ギャップ ロード）と州道 673 号 線（ハバード ホロウ ロード）の交差点から 2.8 マ イルです。

2. 砂岩中のレピドストロブス属。
   ローワー ボリング（＝インボーデン炭層）。場所 は、バージニア州ワイズ郡パウンドの南、州道 364 号線（ビーン ギャップ ロード）と州道 673 号 線（ハバード ホロウ ロード）の交差点から 2.8 マ イルです。

1

2

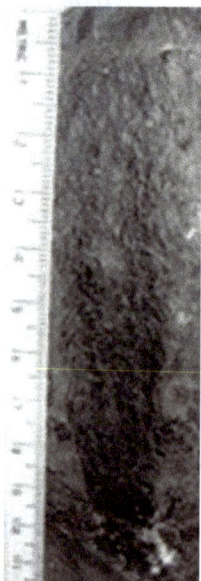

3

4

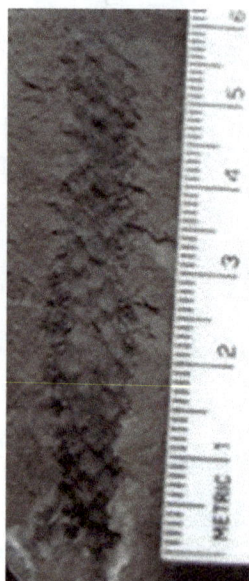

5

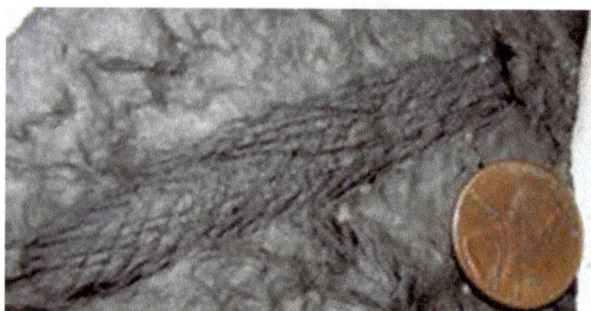

6

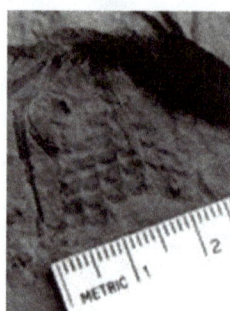

7

プレート I レピドデンドロンとシギラリア生殖器官

図版 II—レピドデンドロンとシギラリアの生殖器官

1. 頁岩中の *Lepidostrobus sp. Lower Bolling*（=Imboden 炭層）の露天掘り鉱山で採集。場所はバージニア 州ワイズ郡パウンドの南、州道 364 号線（Bean Gap Road）と州道 673 号線（Hubbard Hollow Road）の交差点から 2.8 マイル。

2. 砂岩に生息する *Lepidostrobus sp.Lower Bolling*（=Imboden 炭層）の露天掘り鉱山で採集。場所はバージニア州ワイズ郡パウンドの南、州道 364 号線（Bean Gap Road）と州道 673 号線（Hubbard Hollow Road）の交差点から 2.8 マイル。

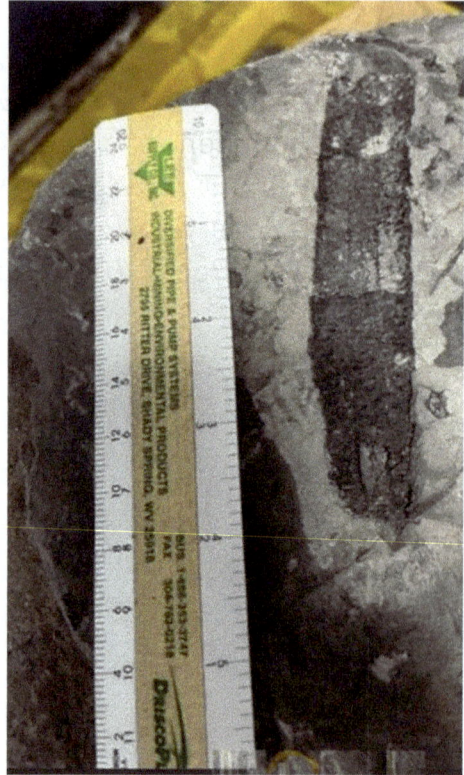

1   2

プレート II レピドデンドロンとシギラリアの生殖器官

図版 I — 鱗翅目デンドロンの枝

1. 頁岩に保存された **Dicranophyllum Domini**。収集 バージニア州ブキャナン郡ハーレー近郊の州道645号線南東、アブナーズフォーク（州道670号線）沿いにあるスプラッシュダム炭層の鉱山の天井層から採取されたものです。

2, 2a. 頁岩に保存された **Dicranophyllum sp**. 草のような葉がまだ木の枝に付いています。

3, 3a, 3b. レピドデンドロン・スターンベルギイ。矢印は葉痕（緑）と線形葉（破線赤）。3a. 線形葉がついた葉クッションの図。Seward, A.C., 1898, Vol II, 図141, p. 97 に基づく。バージニア州ワイズ郡、州 道 78 号線、ストーンガ ロードのストーンガから 2.4 マイル北に位置するロースプリント炭層の鉱 山の天盤層から収集。

4,5. 炭素質頁岩に保存されたレピドフィロイデス。 赤い矢印は、茎（枝）に付いた葉を指していま す。これらの標本は、レイドデンドロンを「ス ケール」の木と呼ぶ根拠を示しています。標本 は、バージニア州ワイズ郡ローダの北東2.4マイ ルのマッドリッククリーク沿いにあるパーソンズ 炭層の鉱山の天井層から収集されました。

図版 II—レピドデンドロン枝

1. 頁岩の中の鱗翅目。露天掘り鉱山で採集 Lower Bolling (=Imboden 炭層) にあります。場所 は、バージニア州ワイズ郡、パウンドの南、州道 364 号線 (Bean Gap Road) と州道 673 号線 (Hubbard Hollow Road) の交差点から 2.8 マイルです。

1   2   2a

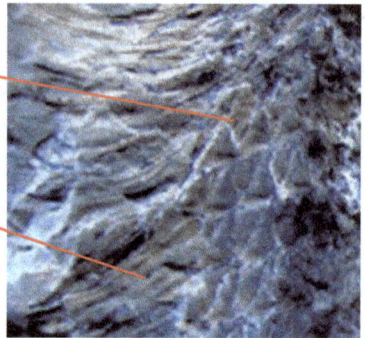

3   3a   3b

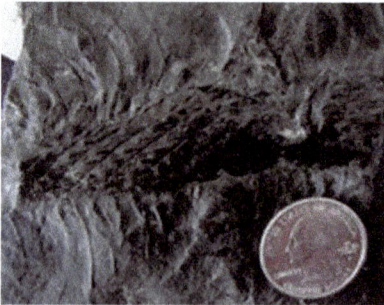

4   5

プレート I 鱗翅目デンドロンの枝

1

プレート II 鱗翅目枝

図版 I—レピドデンドロン葉

1. 砂質頁岩に生える *Lepidodendron cf Wortheni*。ブレア炭層の露頭から採取されたものでしょうか?バージニア州ワイズ郡アパラチア、アパラチア高　校の東約 0.5 マイルの Alternate Rt. 58 沿いのワイ ズ層で採取されました。

2. シルト岩中の *Lepidophylloides sp.*。バージニア州 ブキャナン郡ハーレー近郊の州道 645 号線南東、アブナーズ フォーク（州道 670 号線）沿いにある スプラッシュダム炭層の鉱山の天井層から採集さ れました。

3,3a. 頁岩中の *Lepidophylloides*。4頁岩中の *Lepidophylloides*。バージニア州ワイズ郡ローダの北2.4 マイルの マッド リック クリーク沿いにあるパーソンズ炭 層の鉱山の天井層から採取されました。

図版 II—レピドデンドロン葉

1, 1b. レピドフィロイデスが付着したレピドデンドロンの小枝
頁岩中。1a 比較のための現代のシラネアオイの枝。バージニア州ブキャナン郡ハーレー近郊の州　道645 号線から南東に伸びるアブナーズ フォー ク（州道 670 号線）沿いにあるスプラッシュダム炭 層の鉱山の天井層から採取。

2. *Lepidostrobophyllum lancifolius Lesquereux*、1870年。3. *Lepidostrobophyllum lanceolatus Lindley and Hutton*、1831年。バージニア州ワイズ郡コーバー ンのJct. Alt. Rt. 58とBoaright Hollow Roadの東0.1マ　イルに位置する道路切通しの露頭にあるケネディ炭層から採取された標本。

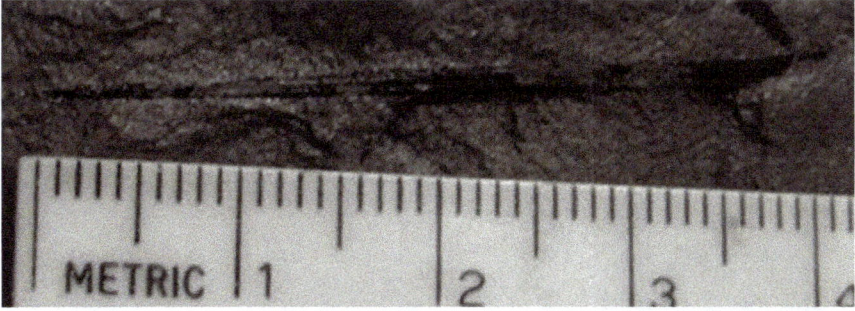

1

2

3

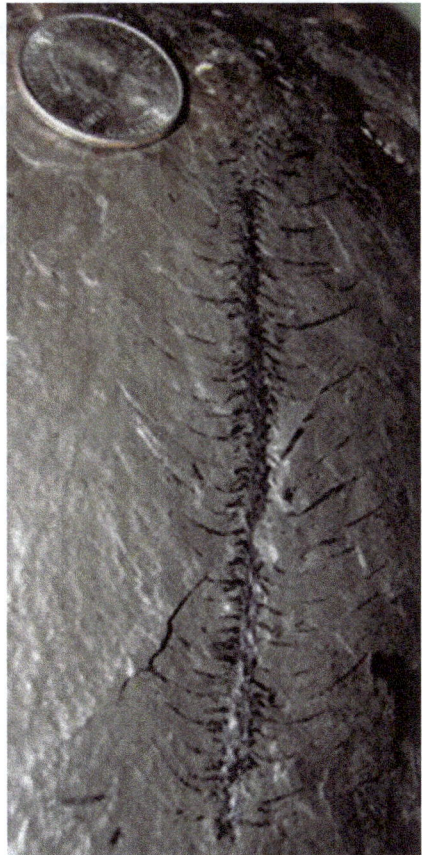

4

プレート1 レピドデンドロン葉

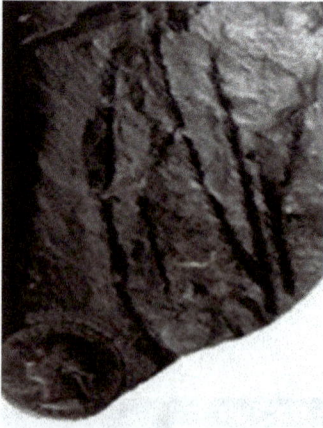

3a

1b

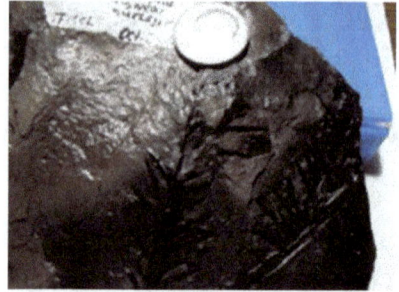

1

1a

2

3

プレート II レピドデンドロン葉

第2章

衰退性ヒカゲノカズラ 類
（クラブモス）

シギラリア

もう一つのクラブモス科の樹木であるシギラリア（図6）は、その近縁種のレピドデンドロンとともに、最も一般的なものの一つであった　ヨーロッパと北アメリカに広く分布する植物群の大部分を占めています。　両属ともヒカゲノカズラ科に属します。これらの木は石炭紀からペンシルベニア紀中期から後期にかけて優占していました。中生代を通じて徐々に小型化した形態が存在し、このグループの最後の生き残りは現代のイヌタデ(Isoetes)であると考えられています。

　シギラリアとレピドデンドロン属は、葉のクッションと傷跡のパターンと形態によって区別されます。シギラリアの円形の傷跡は、茎に沿って螺旋状に散在するレピドデンドロンの傷跡とは対照的に、垂直の列に配置されています。

　シギラリアの葉は長く草のような形をしており、落葉すると円形の傷跡/クッションを形成します。傷跡は垂直の列に並んでいます。多くの種は、葉の形に基づいて識別されます

　傷跡と傷跡の模様。この植物の樹皮の印象は、カラミテスのそれよりずっと幅の広い線状の隆起で識別され、分節はありません。隆起のデザインは、単純なものから「ブルズアイ」に似た小さな円形のくぼみで装飾されたものまでさまざまです。葉と根はレピドデンドロンに非常に似ていますが、幹の鱗状の模様はありません。

　レピドデンドロンと同様に、高さは約100フィートに成長しました。この木の幹の大部分が、薄い層の小胞状の皮または木質の樹皮で覆われたスポンジ状の弱い組織で構成されていたことを考えると、これは本当に驚くべきことです。

Figure 6: 分岐型と非分岐型の両方の Sigillaria の復 元。赤い物体は生殖器官を表します。Gillespie, W.H., et al, 1978 に従って修正。

プレートⅠ — シギラリア

1. *Sigillaria rugosa Brogn.* 1a。拡大図では外面の形態の詳細が示されています。標本は頁岩に保存されており、バージニア州ワイズ郡、ストーンガの 2.4 マイル北、ストーンジ ロード（州道 78 号線）のロウスプリント炭層の炭鉱から収集されました た。

2. シギラリア属、*Mesolobus depressus Stevens*。3. シ ギラリア属 4. 剥皮の結果、元々の外側の表面（樹皮）と下にある維管束（パリクノス）の痕跡が明ら かになったシギラリア マミラリス。これらは、植 物が成長して葉を落としたときに残った葉の付着 部位（葉痕）です。2 と 3 は炭素質頁岩に保存さ れ、4 は暗灰色の頁岩に保存されています。標本 は、バージニア州ワイズ郡ローダの北東 2.4 マイ ルにあるマッド リック クリーク沿いのパーソン 炭層の炭鉱から採取されました。

5. *Asolanus Comptotaenia* 木材。おそらく皮を剥いだもの Sigillaria Brardii。バージニア州ブキャナン郡コナ ウェイ近郊の州道 610 号線沿いにあるスプラッシュダム炭層の炭鉱の天井層から採取されました。

プレートⅡ

1. 細粒砂岩に保存された Sigillaria sp.。バージニア 州ブキャナン郡、ヴァンサントの南西、州道 619 号線（リーマスター ドライブ）からグラント ブ ランチ ロード沿いにある地下炭鉱のヘイギー炭層の すぐ下のシートロックから採集されました。

2. *Sigillaria Boblayi*。2a. *Sigillaria Elegans*。これは Sigillaria 2の川岸です。これらは亜属 Eusigillaria、グループFavulariaの例です。暗い灰 色の頁岩に保

存された標本は、 バージニア州とウェストバージニ
ア州の州境に近 いマクドウェル郡キューカンバーの
北東4マイル にあるドッグフォーククリーク沿いのポ
カホンタ ス第3炭層の炭鉱。

プレートIII

1. 1, 1a. S中粒砂岩に保存された Sigillaria sp.。
    バージニア州ワイズ郡コーバーンから 1.5 マイル の
    州道 58 号線の西行き車線から右に約 50 フィー ト
    離れたアイリー炭層の上で採取されました。
2. 砂質頁岩に保存されたシギラリア属。中粒 砂岩。ロ
    ーワー ボリング (=インボーデン) 炭層の 露天掘り
    で採集。州道 364 号線 (ビーン ギャップ ロード) と
    州道 673 号線 (ハバード ホロウ ロード) の交差点か
    ら 2.8 マイル。バージニア州ワイズ郡 パウンドの南。

1

1a

2

3

4

5

プレート I シギラリア

1

2

2a

プレート *II* シギラリア

1

1a

2

プレート *III* シギラリア

　　樹状性ヒカゲノカズラの別の変種または属は、***Lepidophloios (Gillespie, 1978)*** です。これは直立した苔の ような常緑植物で、性質、成長、構造が樹木に似ており、ら　　せん状の葉のクッションがあり、クラブモスやグラウンドパ インのような ***Lycopodium*** 属の外観をしています（***Lepidodendron*** および Sigillaria を参照）。図 1 の ***Lepidophloios*** は、非常に保存状態の良い ***Lepidophloios laricinus (Dilcher, 2005)*** の幹のさまざまな側面を示しています。化石の直径は 9 インチ、高さは 24 インチです。この標本は、ウェストバージ ニア州ブルーフィールドに住む炭鉱労働者 ***Samuel ("Sam") Knott*** によって収集されました。2002年、彼と友人は、鉱山 の非常に人里離れた場所から化石を鉱山の縦坑まで運びまし た。そこから化石は縦坑を800フィート上って地表まで持ち上げられました。鉱山は、ウェストバージニア州ワイオミング郡パインビル近郊のポカホンタス第3炭層にあります。

図版 1. レピドフロイオス

第3章

コルダイテス: 初期の裸子植物
古代のマングローブ
のよ うな植物

コルダイトは、一部の人々によって円錐状の構造物から運ばれる種子と胞子から繁殖する木であり、コルダイトは「初期の針葉樹」または裸子植物です（図7）。これらは最初に上部ミシシッピ紀に出現し、三畳紀後に姿を消しました。コルダイトの子孫は現存していません。当初、コルダイトという名前は、細くてひも状の圧縮葉の残骸にのみ付けられていましたが、植物全体に付けられるようになりました。この植物の1つの変種は、高さ98フィートまで成長し、乾燥した土地に生息していたと考えられています。一方、低木のような対照的な部分は、現代のマングローブによく似た支柱のような根系で、海水から汽水域に生息していました（図7）。コルダイトの標本は、研究対象地域の3つの地層層でのみ発見されています。

Figure 7: マングローブ型（右）を含む 2 種類のコル ダイトの復元図。*Gillespie, W.H., et al, 1978* より。

プレートI – コルダイテス

1. 脱皮の段階の移行期にあるコルダイテスの茎: 縦方向の肋骨が顕著な *Artisia horizo nalis*（髄鋳型）と、表面にしわのある *Artisia Transversa*。1aと1b。標本1の拡大図。1c。Artisia Horizo nis 鋳型。1d。*Artisia Horizo nis* の型。

2. *Artisia Transversa*。炭化した樹皮の薄い表面層に注目してください。バージニア州ワイズ郡アパラチアの鉄道線路沿い、ウェストオルトステート国道58号線の「無名の炭層」のすぐ上にあるノートン層から採取されました。

プレートI – コルダイテスの葉。

1. 頁岩中に炭素質を保存した *Cordaites Borassifolius*。1a. 標本1の拡大図。外表面の形態の詳細が示されています。

2. 頁岩の中で重なり合ったいくつかの *Cordaites Borassifolius*。2a. 2の拡大図で、形態の詳細を示しています。すべての標本は、バージニア州ディケンソン郡、ブクー近郊のアッパーバナー炭層から収集されました。

3. バージニア州ワイズ郡、州道610号線とウェストノートン、サッカーズ ブランチ ロードの交差点の露頭から採取された、ノートン炭層ライダーの約28インチ下にある石炭と運河の石炭の間にある黒色の炭素質頁岩層に保存されたコルダイテス (Noeggerathiopsis) ヒスロピ。

1

1a

1b

1c

1d

2

プレート I コルダイテスの枝

1

1a

2

2a

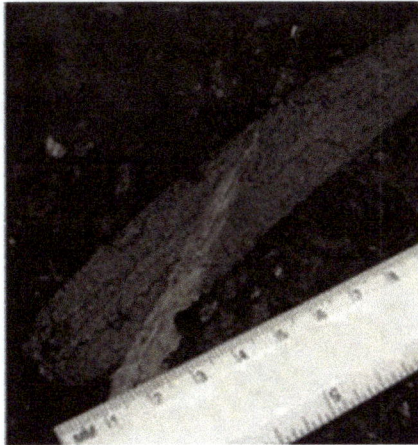

3

プレート1 コルダイテスの葉

図版 I—コルダイテスの生殖器官

1, 1a. シルト質の土壌に保存されたCordaianthus属の
カビと鋳型

頁岩。これらは生殖器官です。単軸またはシュー　ト
は「球果」とも呼ばれ、胞子（雄果）と種子ま　たは芽（
雌果）を形成します。バージニア州ブ　キャナン郡ヘイ
ジーの北東 5.7 マイルのブレイク ス パーク ロード
沿いの道路切り通しにあるグラ　モーガン炭層の露
頭から採取された標本。

1

1a

プレート I コルダイテス生殖器官

第4章

ケトルボトムズ
古代の木の幹

ケトルボトムは、立木の幹が化石化したものだ(図8)。ほぼ円形をしていることが特徴です 化石の多くは、断面が丸みを帯びており、基部近くで広がって、丸太型の ストーブパイプに似ていることが多い(図 9)。そのた め、これらの化石は炭鉱労働者によって「ストーブパイ プ」と呼ばれることが多い。ほとんどの化石では、樹皮が 薄い石炭の皮として保存されており、通常は側面が滑らか で、粘土が鋳型を囲み、頁岩に石化した部分は高度に磨か れている。カラミテスを含む古代の樹幹の一部は、砂粒大 の堆積物粒子で埋め尽くされている。

Figure 8: ほぼ完全なヒカゲノカズラの幹2本の型（矢印）で、高さは約15フィートと19フィートです。左側の植物が、木の根元から3分の1ほどの距離でシルト岩層に埋まっているように見えることに注目してください。これらは、パーソンズ炭層で開発された地下鉱山の高壁（露頭）にありますバージニア州ワイズ郡アパラチア近郊のパイン ブランチホロウにあります。鉱山から収集されたケトルボトムは、図版Iケトルボトム、番号2に示されています。

Figure 9: ケトルボトムは、バージニア州南西部の露天掘り鉱山のクリントウッド炭層直下の頁岩の中に保存されています。木が埋もれていく過程で、堆積物の圧縮が異なり、表面が滑らかになったねじれた層状構造に注目してください。炭化した樹皮は、鋳物と周囲の地層の間にある薄い黒い石炭の層（矢印）。

　２つのケトルボトムの非常に珍しい保存状態が、図版１のケトルボトム２と３に示されています。さらに注目すべ きは、樹皮を構成する植物繊維のユニークな保存状態で す。これは図版１のケトルボトム 3a に示されています。ケトルボトム 3 の赤色は自然なもので、塗装されたもので はないことに注意してください。樹幹の化石化の発達にお ける地質学的順序とカラミテスの化石化の発達は、図　10 に示されています。

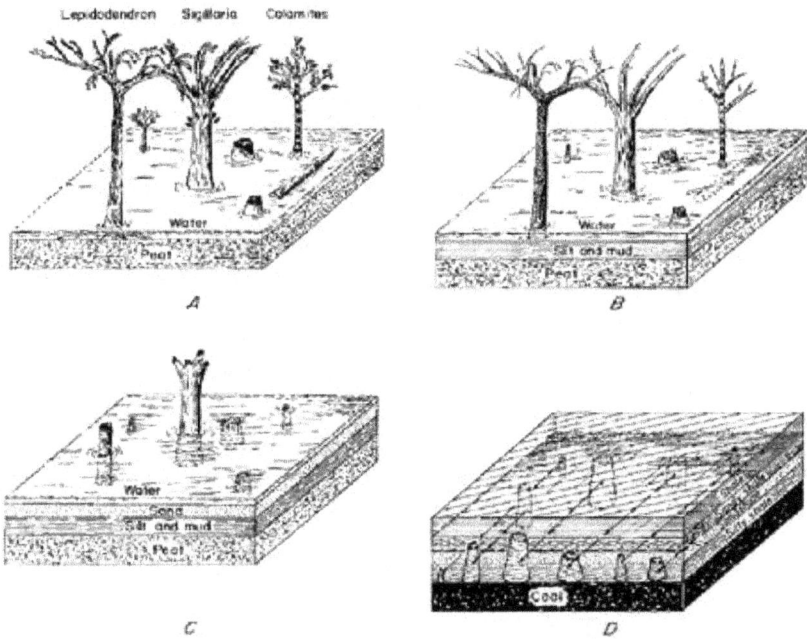

Figure 10. ケトルボトムの形成に至る一般的な一連 の出来事。A. 植物は典型的な湿地林で成長して い ます。B. 堆積物による湿地の洪水により泥炭の 形成 が妨げられ、植物は窒息して死滅します。C. 死 ん だ植物は腐敗して中空になり、最終的には水位で 折 れます。D. 堆積が続くと切り株が埋まり、続いて 堆積粒子と泥炭が圧縮されてセメント化され、石 炭、岩石 (砂岩または頁岩)、ケトルボトムが形成さ れま す。(米国鉱山局、調査報告書 8785、1983、p. 4 より)

Plate I—Kettlebottoms

1, 1a, 1b. 灰色の滑らかな頁岩の中に保存されたケトルボトム　バージニア州ワイズ郡インボーデン近郊のタガート炭層の鉱山から採掘されました。

2. ケトルボトムは、バージニア州ワイズ郡アパラチ　ア近郊のパイン　ブランチ　ホロウにあるパーソン ズ炭層の鉱山から採取された、灰色の滑らかな側 面を持つ頁岩の中に保存されています。

3. 灰色の粗粒砂岩に保存されたPsaronius Schopfiimの幹の一部。バージニア州ブキャナン郡、ヴァン サントの南西、州道 619 号線（リーマスター　ドラ イブ）から外れたグラント　ブランチ　ロード沿いに　ある地下鉱山のヘイジー炭層のすぐ下のシート　ロックから収集されました。

4. ケトルボトムは、バージニア州ワイズ郡のアパラ　チア山脈付近のパイン　ブランチ　ホロウにある　パーソンズ炭層の鉱山から採取された、灰色の滑　らかな側面を持つ頁岩に保存されています。

5. 灰色の粗粒砂岩に保存されたPsaronius Schopfiimの幹の一部。バージニア州ブキャナン郡のヴァン　サント南西、州道 619 号線（リー　マスター　ドライ ブ）のグラント　ブランチ　ロード沿いにある地下鉱 山のヘイジー炭層のすぐ下のシートロックから収　集されました。

1

2

3

3a

4

5

プレート1 ケトルボトム

第5章

スティグマリア
古代のルートシステム

スティグマリアは、レピドデンドロンとシギラリアの化石化した根茎で、植物の下部幹に由来する。そして粘土、シルト、砂を貫きました。これらの堆積物が沼地や森林の古土壌を形成しました。スティグマリアは一般に、根毛が出てくる円形の穴のような傷跡が特徴です（図10A）。傷跡の大きさは、鉛筆の先から鉛筆と消しゴムの直径までさまざまです。根毛は、ランダムに配置された細い線状の溝で表されることが多く、器官を巻き付けるように見えます。ヒカゲノカズラは管を通じて沼地の堆積物から栄養分を吸収し、それが頁岩、シルト岩、砂岩に固まりました。これは古土壌または「シートロック」として知られています。化石の根系の例は、スティグマリアの図版I-IIIに示されています。典型的な樹木の現代の根系と内部構造は、図10Bに示されています。珍しい保存状態のレピドデンドロン・スティグマリアの「髄」鋳型が、図版IIの1bに示されている。表面層と同様の形態を持つ第2層または「成長リング」として現れます。

A

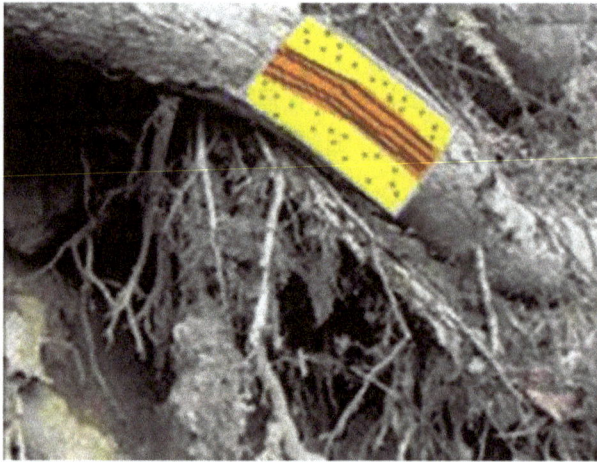

B

Figure 10: 土壌に浸透し、侵食によって地表 に露出した根を含む現代の樹木の根系 (*A*)。
根の内部構造が一般化しており、「髄」と 呼ばれる内部核が示されている(*B*)。

プレート I — スティグマリア

1. スティグマリア フィコイデス。灰色の頁岩の中 で、根から横方向と縦方向に伸びる管状の細根に　注目してください。頁岩はもともと粘土（泥）で、木の根がその中にありました。これは古土壌とし て知られ、固まると石炭層のすぐ下にある「シー ト ロック」と呼ばれます。バージニア州ブキャナ ン郡ハーレー近郊の州道 645 号線から南東に離れ たアブナーズ フォーク ロード（州道 670 号線） 沿いにあるスプラッシュ ダム石炭層の鉱山から採集 されました。

2. *Stigmaria ficoides*。根系の樹皮に根小根が付着し た場所である、ほぼ円形の多数の傷跡に注目して くださ い。その結果、点描のような形態になりま　す。3、4 。Stigmaria eveni Lesquereux、1866A。標本 は、バージニア州ワイズ郡ローダの北 2.4 マイ ル、マッドリック クリーク沿いにあるパーソン ズ炭層の鉱山から収集されました。

3. シルト質 の 灰 色 頁 岩 に 保 存 さ れ た *Stigmaria ficoides*。5a。根痕の形状の詳細を示す拡大図。バージニア州ブキャナン郡ヴァンサントの南西、州道 619 号線（リーマスター ドライブ）からグラント ブランチ ロード沿いにある地下炭鉱のヘイギー炭層のすぐ下のシートロックから採集されま した。

プレートII

1a, 1b. 細粒の炭質砂岩に保存された**_Stigmaria ficoides_**。Lepidodendron の根の鋳型。

1. 内部の髄鋳型の眺めです。標本は、バージニア 州ディケンソン郡ノーラの南、ニース クリークの ローワーバナー炭層の鉱山から収集されました。

2. 根のようなシステム。2a。端面図。成長輪の一種 である可能性のある炭素化層を示しています。標 本はシルト質頁岩に保存されています。バージニ ア州ワイズ郡、アパラチアの東約 1 マイルにある 代替国道58 号線沿いのブレア炭層露頭の基岩か ら採取されました。

3. シルト質頁岩中のシダ植物（種子シダ）の根型。4. Alethopteris decurrens シダの葉に付随するシダ植物 の根型。標本は、バージニア州ワイズ郡ローダの 北 2.4 マイル、マッド リック クリーク沿いにある パーソンズ炭層の鉱山から収集されました。

プレートIII

1. 細粒の砂岩に保存された **_Stigmaria ficoides_**。1a、1b 根の内部髄鋳型または芯を示す断 面図。標本は、バージニア州ワイズ郡ノートンの I-23 北沿いのクリントウッド炭層から収集されま した。

2. 頁岩中の **_Sigillaria sp._**。Lower Bolling (=Imboden 炭 層) の露天掘り鉱山で採集。場所はバージニア州 ワイズ郡パウンドの南、州道 364 号線 (Bean Gap Road) と州道 673 号線 (Hubbard Hollow Road) の交 差点から 2.8 マイル。

1

5

2

3

4

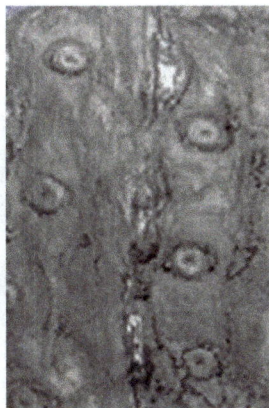

5a

Plate I Stigmaria

1

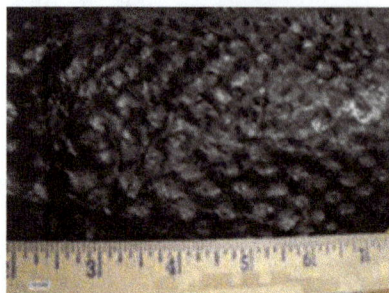
1a

1b

2

2a

3

4

プレート *II* スティグマリア

1

1a

1b

プレート III スティグマリア

第6章

カラミテ
「スギナ」の古 代の近縁種

カラミテス（図11a）は、現代のスフェノフィート類（「トクサ」）の絶滅した祖先である。カラミテス類の基本的な解剖学図11bに示します。図12に、いくつかのスフェノフィートの例を示します。現生の近縁種とは異なり、カラミテスは直径6インチほどの小木にまで成長します。その主茎または幹は、図13に示すように、植物の長軸と平行に細かい間隔の溝が入った間隔で分節（節）されているのが特徴で、竹のような外観をしています。

　　節線で交わる髄鋳型の保存された肋骨パターンは、カラミテス属と亜属を分類するのに使用されます。節に沿って、主幹から小さな枝が分かれた放射状の傷跡が見られます（カラミテス図版IおよびIIを参照）。肋骨が交互に並ぶ標本は真のカラミテスです。節を通過する肋骨の一部が交互に並ぶ標本は、メソカラミテス亜属に分類されます。葉は円形に分布しています

　　（輪生」と呼ばれる）葉は茎の周囲に等間隔で生えており、風車に似ています。線形、披針形、またはへら形の葉は、環状葉と呼ばれます。基部は茎の周りに襟状になっていますが、化石によっては存在しない場合があります。1節あたり5〜32

枚の葉が輪生していました。アステロフィライトの葉は、環状葉のものよりも長くて狭いです。これらの葉は基部でつながっておらず、4〜40枚の葉が輪生しており、茎から上向きに急カーブしています。

　Calamitesに似ているが、葉と球果が異なる属はArchaeoCalamites と呼ばれます（図 14 を参照）。

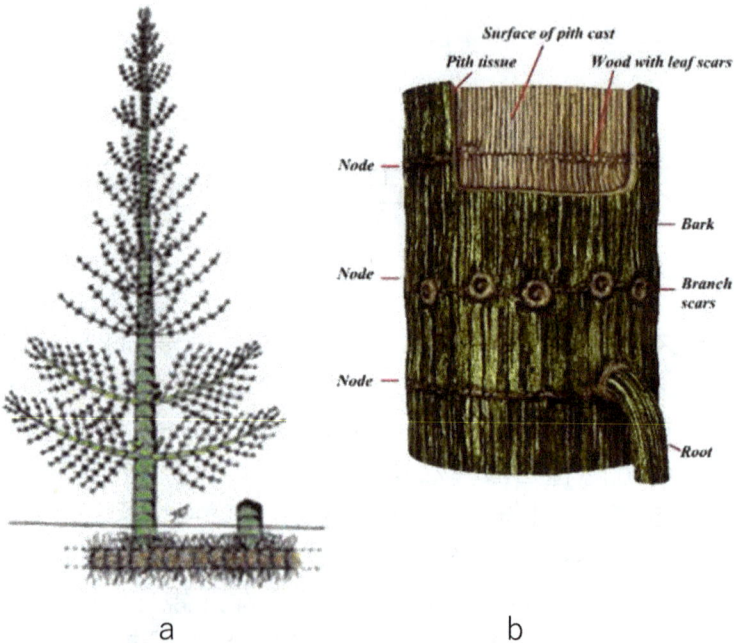

Figure 11: a. カラミテスの復元図。Gillespie ら (1978) を元に改変。b. カラミテス (calamitina) の 主幹の一部を復元した図。化石として岩石に 保 存された基本的な内部と外部の特徴を示して い る。Seward, A. C., 1898, Vol I, p. 316, 図より改変。77. カラー化はジョン・ヒューズ氏の厚意によるものです / www.fhdigital.com 52

Equisetum palustre

Equisetum telmatei

"Field" Horsetail Equistetum arvense
Milkweed Horsetail

Asclepias verticillata

Equistetum hyemale

Figure 12: カラミテスの現代の同族の例

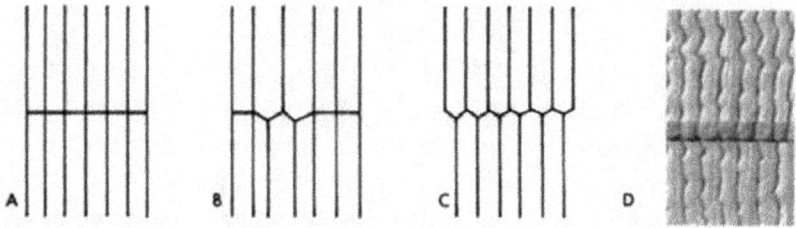

Archaeocalamites → Mesocalamites → Calamites → Calamitina (Undulatus)

*Figure 13: Calamites の茎の特徴 A か
ら C は一般的な属を識別 するために使用
され、D は「亜属」Calamitina で、undulatus
種と関連しています。Gillespie, W.H., et
al, 1978 の後に修正さ れました。*

プレート I―災厄

1. 炭素質頁岩に保存された **Calamites cisti**。1a 拡大 図
   には肋骨と節の詳細が示されています。バージ ニア
   州ワイズ郡、ストーンガ付近のロースプリン ト炭層
   の鉱山の天井層から採取されました。
2. **Calamites sp**. ウェストバージニア州マクドウェル 郡、
   キューカンバーの北東 4 マイルにあるドッグ フォー
   クのポカホンタス No. 3 炭層の天井層から 採取さ
   れた頁岩の印象。
3. カラミテス（カラミティナ）。中程度の暗褐色の頁 岩
   に残る樹皮と木の跡。3a。節に沿ったカラミ ティア（
   枝の傷跡のパターンの一種）の詳細を示す 拡大図。
   バージニア州ブキャナン郡グランディの 東 8 マイ
   ル、スレート クリーク（州道 83）の北 0.7 マイル、ス
   ミス ブランチ（州道 701）沿いにあるス プラッシュ
   ダム炭層の鉱山の天井層から採取。

4. 3 箇 所 の 枝 の 付 着 部 ま た は 枝 の 痕 跡 を 示 す *Calamites ramosus*。4a. 枝の痕跡の 1 つの拡大図。バージニア州ワイズ郡ローダの北 2.4 マイル、マッドリック クリーク沿いにあるパーソンズ炭 層の鉱山の天井層から採取されました。

5. ノートン層で発見された「名前のない」炭層に関 連する砂岩に保存された Calamites cisti。標本は、バージニア州ワイズ郡アパラチアの代替国道 58 号線の西行き車線に平行する鉄道用地沿いの露頭 から収集されました。

プレート II—災厄

1. 頁岩中に保存されたカラミテス属。1a.拡大図 リブとノードの詳細。バージニア州ラッセル郡サ ウスクリンチフィールドの東にあるジョーボーン 炭層の鉱山の天井層から採取されました。

2, 2a, 2b. 頁岩の中に保存された波打つカラミテス 写真 2 は、4 つの枝の痕跡のうちの 1 つを示して います。写真 2b の矢印は、1 つの節にある 2 つ の小さな枝の痕跡のうちの 1 つを示しています。写真 2b は、2a に似た標本の断片で、種名が示す 肋骨の形態の詳細を示しています。標本は、バー ジニア州ワイズ郡ローダの 2.4 マイル北、マッド リック クリーク沿いにあるパーソンズ炭層の鉱 山の天盤層から収集されました。

3, 3a. メソカラミテス属。頁岩中に保存されている バージニア州ワイズ郡コーバーンの東1.5マイ ル、国道58号線代替南行き車線に位置するケネ ディ炭層露頭の真上の地層で直立成長していま す。

4. 頁岩に保存された波状のカラミテス。4a 枝分かれの痕跡/節の拡大図。バージニア州ワイズ郡ノートン

の I-23 北行き車線沿いにあるブレア炭層露頭の 上の地層から採取。

5. ユーカラマイト(ディプロカマイト)の一種であ る Calamites Carinatus。5a。節のリブの末端の特 徴的な形態の拡大図。分裂性頁岩に保存されてい ます。5a。リブと節の詳細を示す拡大図。バージ ニア州ラッセル郡、サウス クリンチフィールドの 北、ローワー バナー炭層の鉱山の天井層から収集 されました。

1

1a

2

3

3a

4

4a

5

プレート1 災害

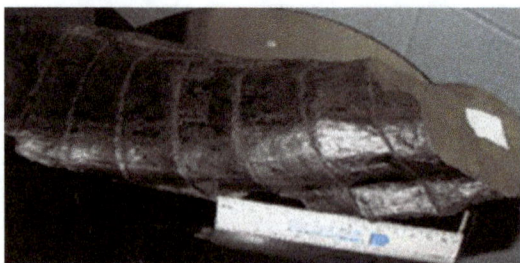

1   1a

2   2a   2b

3   3a   4

5   5a

プレート II 災害

図版 III — 災害

1. 暗褐色がかった赤色の鉄鉱石のコンクリーション と して保存されたカラミテス（カラミティナ）。 バージニア州ワイズ郡、I-23 と Alt. Rt. 58 の交差 点にあるブレア炭層層から採取された。

2. 中灰色のシルト岩に保存された波状のカラミテ ス。バージニア州ワイズ郡ノートン、オルタネー ト 58 ウェストと I-23 の交差点の北東約 500 フィートに位置するブレア炭層露頭から採取され ました。

3. カラミテス（ユーカラミテス）クルキアトゥス、 スターンは暗灰色のシルト岩として保存されてい ます。

4. コンクリーション内に保存された *Calamites cisti Brongnairt*。バージニア州ワイズ郡ワイズのワイズ ショッピング センターの I23 南沿いにある Clintwood 炭層露頭から収集された標本。

図版 IV — 災厄

1,1a *Calamites sp*.?。この標本は、メソカルマイトと異なるのは、赤い矢印で示され たリブと同じ大きさのリブではなく、はるかに小 さいサイズのリブのセットの間に 1 つの目立つリ ブがあることです。また、前者と接触するリブ は、節点ゾーン全体で連続していてはいけませ ん。したがって、これは新種の可能性があります。標本は、バージニア州ワイズ郡コーバーンの西 1.5 マイル、アルト ルート 58 沿いのアイリー 炭層層のすぐ上にあるモンモリロナイト粘土層か ら採取されました。

プレート V — 災害

1. Calamites undulatus cf. はシルト質の黄色がかった 層に 保存されている 褐色頁岩。標本の左側 (赤矢印) と右側 (青矢印) の肋の厚さと間隔の鮮明 なコ ントラストに注目してください。2. Calalmites ramifer, Stur 1875 は中程度の黄褐色頁岩に保存され ています。溝はなく、肋は完全に平らで、樹皮は 紙のよ うに薄いです。3. Calamites は波打ってお り、植物組 織の外層 (黒矢印) と内層 (緑矢印) の 形態が対照的で す。4. 枝の傷跡がある Calalmites ramifer, Stur 1875 (矢印) 5. 枝が付いた Calamites sp. (矢印)。標 本は、バージニア州ワイズ郡インマン の北西 4.8 マイ ル、国道 160 号線沿いの道路切通 しにあるフィリップ ス炭層から収集されました。

図版 VI — 災害

1. *Mesocalamites undulatus cf.* は灰色頁岩に保存され ています。
2. *Calamites undulatus* 2a。Asterophyllites char-aeformis は No. 2 の裏側で発見されました。3. Calamites undulatus。No. 1 および 2 と同じ層の 中灰色頁岩 に保存されていたかなり大きな標本。バ ージニア 州ワイズ郡インマンの北西 4.8 マイル、国 道 160 号線の道路切通しにあるフィリップス炭層か ら収 集された標本。

1

2

3

4

プレート III 災害

1

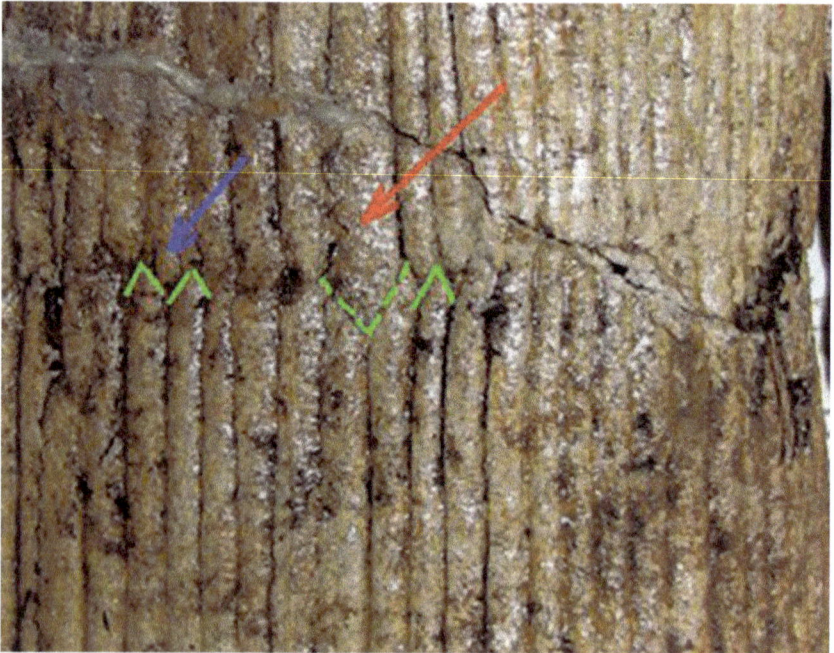

2

プレート IV 災厄

1

2

3

4

5

プレートV 災害

1

2

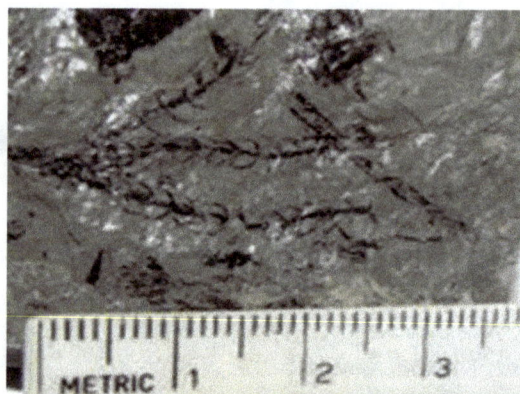

2a

3

プレート VI 災害

図版 VII — 災害

1. 暗灰色の粘土質シルト岩に保存された *Calamites suckowi* (茎の基部)。

2. 暗褐色のシルト岩に保存された節の詳細な形態を示す *Calamites suckowi*。バージニア州ワイズ郡、交代旧国道 23 号線と国道 81 号線パウンドの交差 点から西に約 2,000 フィートのところにあるノー トン炭層露頭から採集されました。

3. 暗灰色のシルト岩に保存された *Calamites s.*。4. 中灰色のシルト岩に保存された *Calamites sp*。4a 根 が成長してできた表面の穴を示す拡大図。バージ ニア州ワイズ郡パウンドの南 2 マイル、ボールド キャンプ マウンテンの州道 817 号線と 637 号線の 交差点から西に 0.6 マイルのノートン炭鉱の露頭 から採取された標本

図版 VIII — 災害

1. 赤褐色の頁岩に保存された *Calamites sp.* 収集 バージニア州ワイズ郡インマン近郊のブラックマ ウンテンにあるリトルレッド炭層から採掘されま した。

1

2

3

4

4a

プレート VII 災害

プレートI—カラミテスの葉

1, 1a. ロバタンヌラリア。頁岩から採取された標本バージニア州ワイズ郡コーバーンの東1.5マイ　ル、国道58号線沿いに位置するケネディ炭層露頭のすぐ上。

2.　バージニア州ワイズ郡ワイズのショッピング　センター裏の I-23 南沿いのクリントウッド炭層層のシ ル ト岩に生息する *Annularia pseudostellata*。

3.　アヌラリア・アステリス。

4.　*Annualaria radiata*。どちらもバージニア州ワイズ 郡ノートンの I-23 北沿いの露頭から採取したブレ ア炭層の真上にある粘土頁岩に保存されていま す。

5.　粘土頁岩に保存された *Asterophyllites charaeformis*。バージニア州ワイズ郡、州道 78 号　線、ストーンガロードのストーンガから 2.4 マイ ル北に位置するLowsplint 炭層の鉱山の天井層か ら採取された標本。

プレートII — カラミテスの葉

1.　頁岩中の *Asterophyllites longifolius*。バージニア州 ワイズ郡、州道 78 号線、ストーンガ ロードのス トーンガから 2.4 マイル北に位置するロースプリ ント炭層の鉱山の天井層から採取された標本。

2.　*Asterophyllites longifolius*.3.*Equisetites Hemingwayi Kidst*. バージニア州ワイズ郡ローダの北東 2.4 マイ ルに位置するマッド リック クリーク沿いの パーソンズ炭層の鉱山の天井層から採取された標 本

3.　*Equisetites Hemingwayi Kidst*。バージニア州ワイズ郡コーバーンの東 1.5 マイル、Alt. Rt. 58 沿いにあるケネディ炭層露頭のすぐ上にある頁岩から採取された標本。

プレート III — カラミテスの葉

1. Annularia stellata (Schlotheim) Wood。バージニア 州ワイズ郡ローダの北東 2.4 マイルに位置する マッド リック クリーク沿いのパーソンズ炭層の 鉱山 の天井層から採取された標本。

2. シルト岩中に保存された Annularia sp.。3,4. 頁岩 中の Asterophyllites equisetiformis。バージニア 州ブ キャナン郡ハーレー近郊の州道645号線南東、 ア ブナーズ フォーク ロード (州道 670 号線) 沿い に あるスプラッシュダム炭層の鉱山の天井層から採 集。

5. アステロフィリテス・グランディス。頁岩から採 取さ れた標本 バージニア州ワイズ郡コーバーンの東 1.5 マイル、国道58号線沿いに位置するケネディ炭層 露 頭のすぐ上。

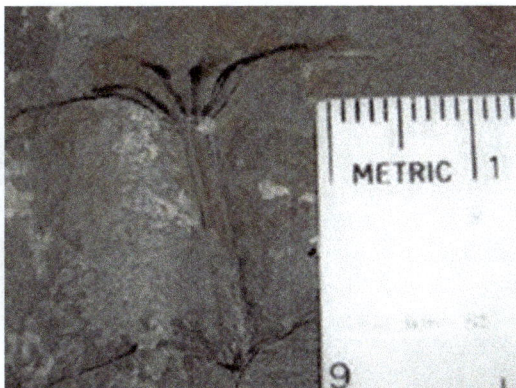

1   1a

2   3

4   5

プレート１カラミテスの葉

1   2

3   4

プレート *II* カラミテスの葉

1

2

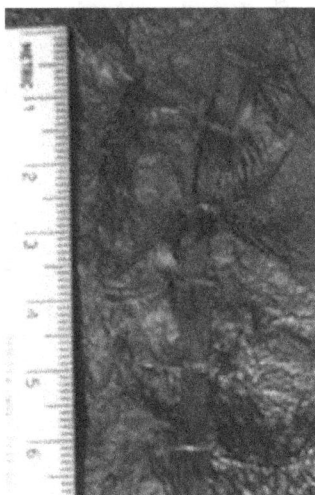

3

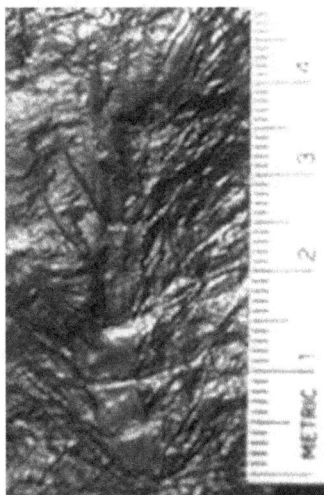

4

5

プレート *III カラミテスの葉*

プレート IV — カラミテスの葉

1. 明るい灰色のシルト質頁岩中の *Asterophyllites charaefomis*。バージニア州ブキャナン郡ヘイジーの北東5.7マイルにあるブレイクスパークロード沿いの道路切通しにあるグラモーガン炭層露頭から採取された。

2,3. 淡黄褐色のシルト質の*Asterophyllites charaefomis*頁岩。バージニア州ワイズ郡インマンの北西4.8マイル、国道160号線沿いの道路切通しにあるフィリップス炭層露頭から採取された。

4. 灰白色のシルト質頁岩に生える*Annularia psuedostellata*。バージニア州ワイズ郡インマンの北西 4.8 マイル、国道 160 号線の道路切通しにあるフィリップス炭層露頭から採集。5.4 番との比較のため、*Equisetum telmatie* の現代の近縁種を示す。

6. 中程度の灰色で保存された *Asterophyllites charaeformis* バージニア州ワイズ郡インマンの北西 4.8 マイル にある国道 160 号線の道路切通しにあるフィリップス炭層から採取された頁岩。

プレート V — カラミテスの葉

1. 淡黄色がかったシルト質頁岩に生える Annularia radiata。バージニア州ワイズ郡パウンド近郊の I-23 北沿いのブレア炭層露頭から採集。

2. 明るい茶色から黄褐色のシルト質頁岩に保存された Annularia radiata。バージニア州ワイズ郡パウンド近郊の I-23 北沿いのブレア炭層のすぐ上の露頭から採集されました。

1

2

3

4

5

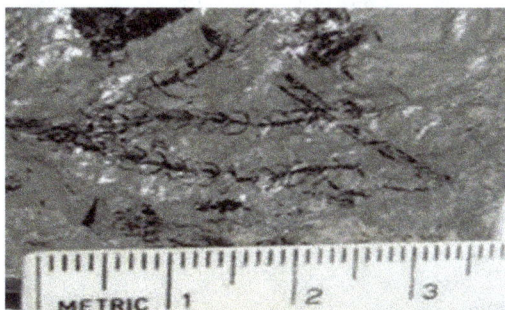

6

プレート IV カラミテスの葉

1

2

プレート V カラミテスの葉

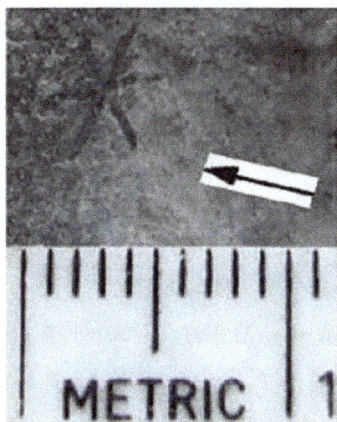

1

2

3

図版 VI. 災難の葉

図版 I—災害: 円錐

1. ボーマナイト ビニーは、左下隅の関連するスフェ ノ
    フィルムの葉とともに頁岩の中に保存されてい　ま
    す。1a. 写真 1 の円錐の拡大図。標本は、バー ジニ
    ア州ワイズ郡コーバーンの東 1.5 マイルのI-23 南沿
    いの露頭にあるケネディ炭層のすぐ上の　地層から
    収集されました。

2. *Asterophylittes charaeformis* 　の円錐?　（緑）　は
    Annularia radiata（青）と共存しています。黄褐色 の
    頁岩に保存されています。3.　古スタキア。バー ジニ
    ア州ワイズ郡インマンの北西 4.8 マイル、国 道 160
    号線の道路切通しにあるフィリップス炭層　露頭から
    収集された 4 つのカラモスタキア標本。

6

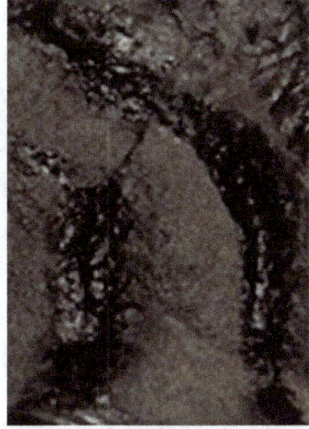

6

6

6

6

プレート l カラミテス 生殖球果

　アーケオカラミテスはデボン紀および石炭紀前期の植物で、カラミテスにいくらか似ています。わずかに隆起してほぼ平らになることもある髄の肋と溝が、ごくわずかに狭まった節でぴったりと一致するという点で異なります。この植物とカラミテスの類似点は内部構造にあります。葉と球果の特徴の対照は、アーケオカラミテスを別の属名に置くことを正当化しているようです。葉や生殖器官の標本は見つかりませんでしたが、茎の小さな標本が収集され、別の種類の植物に属する種子鞘とともに下に表示されます。

*Figure 14: 中粒砂岩に保存された種子鞘を持つ **Archaeo Calamites**。バージニア州ワイズ郡ア パラチアの鉄道線路沿いの West Alt. Rt. 58 の 露頭にある「無名の炭層」のすぐ上にあるワ イズ層から採集されました。*

第7章

スフェノフィラム

スフェノフィラム属は、小さな、葉脈のような、キイチゴのような陸上植物の属であり、間違われる可能性のある特徴を持っています輪生の葉はカラミテス属の葉に似ているが、通常はアヌラリア属やアステロフィリテス属よりも小さい。茎は節があり、縦にうねがある。葉は三角形の葉が輪生しており、先端が丸みを帯びたり二股になったりしている。現代のグランドカバー植物(「ベッドストロー」)のガリウムに似ている可能性が高い(図15と16を参照)。スフェノフィラム図版Iの4番とスフェノフィラム図版IIの1番に示されている化石植物と比較してほしい。

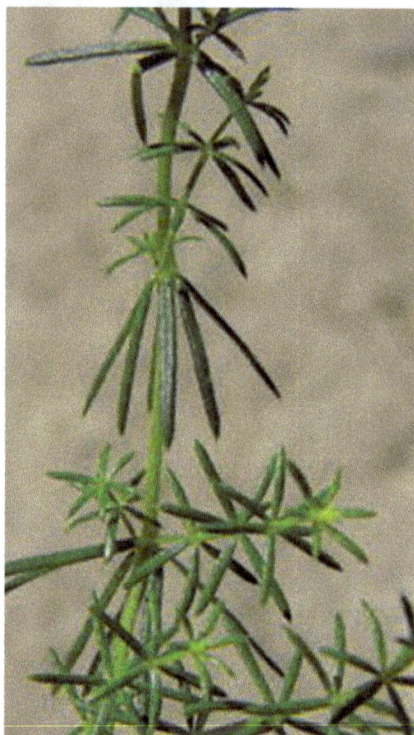

Figure 15: G. verum
は針状の 葉を 6
枚輪生で持つ。

Figure 16: 丸みを
帯 びたくさび形の葉
を持つ*G. aparine*。

図版 I—スフェノフィラム

1. スフェノフィラム・エマルギナタム。
2. スフェノフィラム・クネイフォリウム
3. スフェノフィルム cf.ミリオフィラム 。
4. スフェノフィラム・クネイフォリウム。
5. スフェノフィルム cf.ミリオフィラム 。
6. スフェノフィラム・クネイフォリウム
7. スフェノフィラム・マジュス。
8. 網目模様が見える ***Sphenophyllum costae sterzel*** の 一 枚の葉。

9. スフェノフィラム・エマルギナタム。収集され　たすべ
ての標本　バージニア州ワイズ郡コーバーンの　東1.5
マイル、国道58号線沿いに位置するケネディ炭　層露
頭のすぐ上にある頁岩から採取されました。

プレート II—スフェノフィラム

1. 黄色がかったオレンジ色の頁岩に保存された
Sphenophyllum sp. emarginatum。バージニア州ブ　キ
ャナン郡ヘイシの北東 5.7 マイルにある *Breaks Park
Road* 沿いの道路切り通しの露頭から採集され　まし
た。

2. 黄褐色の頁岩に保存された *Sphenophyllum cuneifo-
lium*。バージニア州ワイズ郡ノートンの I-23 北沿い
の露頭にあるブレア炭層上部のファー　スト　コール
ライダー上部の地層から採取され　た。

3. *Sphenophyllum　emarginatum*。淡黄色がかった頁岩
に保存されています。バージニア州インマンワイ　ズ
郡の北西 4.8 マイルにある国道 160 号線の道路 切
通しにあるフィリップス炭層の上の地層から採　取さ
れました。

4. 網目模様が見える、*Sphenophyllum majus* の葉の拡
大図。

プレート III—スフェノフィラム

1, 1a. Sphenophyllum cunefolium F. saxifragifolia（テ
ンチョフ）非常に細かい粒子の砂岩に保存されてい
ます。バージニア州ワイズ郡ノートンの北 10.2 マイ
ル、州道 620 号線沿いにある露頭のロー　スプリン
ト炭層の上の地層から収集されました。

1

2

3

4

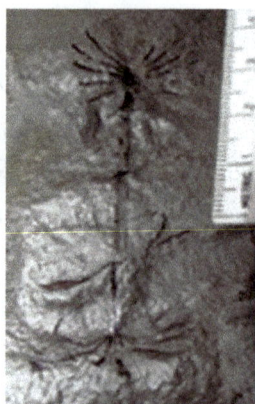

5

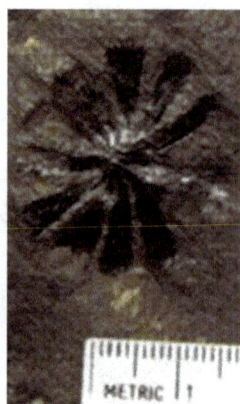

6

7

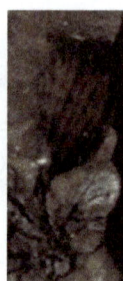

8

9

プレート I スフェノフィラム

1

2

3

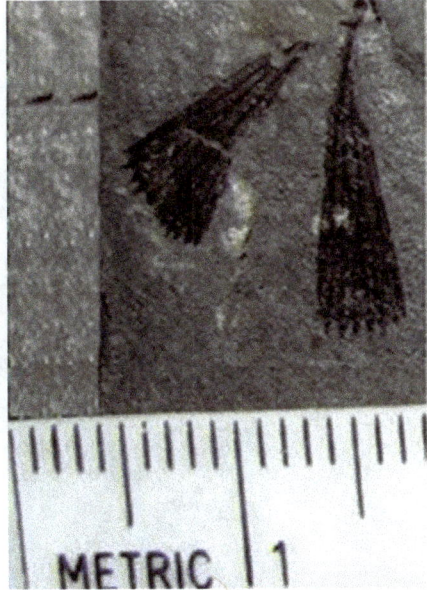

4

プレート II スフェノフィラム

1

1a

図版 II. スフェノフィルム。

第8章

シダ
シダの形態 - 一般

シダの分類と命名は、最も標準的な専門用語に基づいており、化石シダの初歩的なフィールドガイド。図17は、現代のシダに見られる各構成要素に適用される基本用語を示しています。古代のシダにも同じ用語が適用されます。不完全または断片化されたシダのような複葉は、小羽、葉脈、およびそれらが葉軸に付着する方法の一般的な形態を使用して決定される基本形態属に割り当てられます(図18および19)。

Rachis

Midvein

Frond

Pinna
(Blade)

Pinnule (Leaflet)

Fiddle Head:
Coiled-like
frond resem-
bling the head
of a fiddle
or violin.

Stipe

Roots

Rhizome

Figure 17 羽状複葉シダの葉の形態を説明す
る際 に使用される用語の一般的な図解。

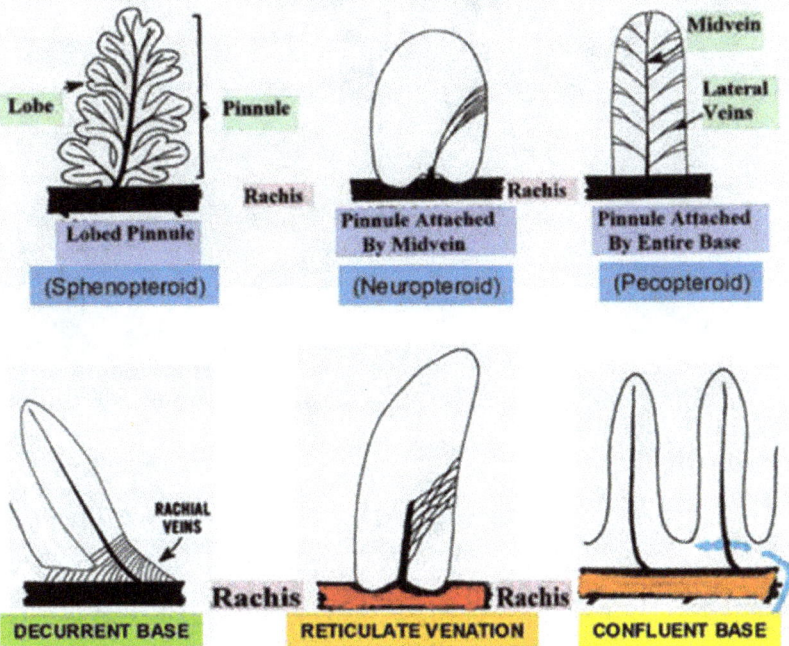

Figure 18: シダおよびシダのような葉を
説明 する際に使用される用語。*Gillespie,
W.H., et al, 1978* の後に修正。

Figure 19: バージニア州ワイズ郡フィリップ
ス炭層産の三 羽状シダの葉の形態を説明す
る際に使用される用語の一般 的な図解。

　真のシダまたは樹木シダは、葉の裏側にある胞子から繁
殖する植物です。多くの断片(または樹木シダの属)は、Psar-
oniusという植物のさまざまな構成要素を表しています(図20
)。幹は、33〜50フィートの高さの巨大な植物を支えるために、
幅広い繊維質の根の外套で覆われています。ほぼ円筒形の
幹は、最上部付近を除いて分岐していません。最上部には、最
大10フィートの葉の輪生が冠状になっています。葉は4〜5回

分岐しています(複葉)。Psaroniusは、この植物の支配的な植物でした。

　石炭沼地(図20)。ペンシルベニア紀のシダ植物の現生種は熱帯地方で発見されていますが、これらの植物は、古代のシダ植物よりも小さく、茎が短く、器官が小さいという点で古代のものと異なります。これは、化石収集の探検中に判明しました。

　ペンシルベニア紀の植物の現生種は熱帯地方で発見されていますが、古代のシダ植物よりも小さく、茎が短く、器官が小さいという点で古代のものと異なります(図21および22)。

Figure 21: A typical tree fern, Cibotium sp. found on the big island of Hawaii. Photo taken by the author in December 2006.

Figure 20: Reconstruction of Psaronius, a tree fern. Modified after Gillespie et al, 1978.

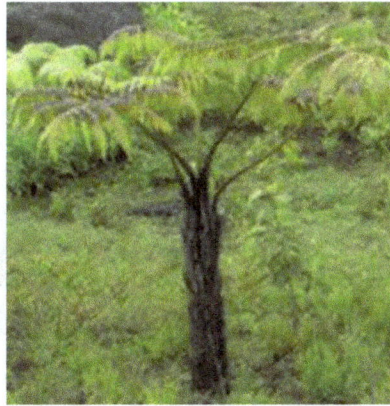

Figure 22: Photograph of a branch of the tree fern Cibotium

プレートI

木生シダ： Zygopteridales。最古のシダ化石群。ペル
ム 紀に遡る。ペンシルベニア紀からペルム紀まで
の時間的広 がりについては、図 1 を参照。1 および
2。Corynepteris angustissima (Sternberg) はシル
ト質の巨大な頁岩の中に保 存されており、バージニ
ア州ワイズ郡コーバーンの東 1.5 マイルにある Alt.
Rt. 58 沿いのケネディ炭層のすぐ上の 露頭から採
取された。

Scale in Inches

　草本*シダは、木本シダの化石ほど一般的ではありませ ん
でした。おそらく、木質の茎がなかったため、保存状態　がよく
ありませんでした。文献の調査では、シダの復元は　明らかに
されませんでしたが、下の図 23 に示すような外 観だった可
能性があります。

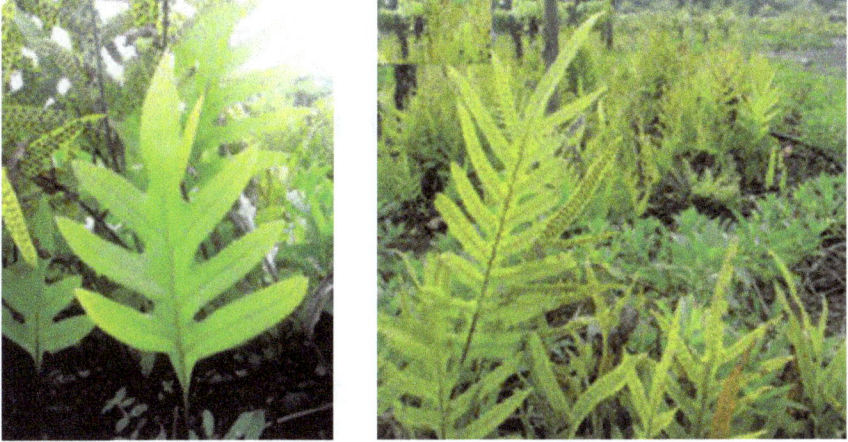

Figure 23: ハワイ島ヒロの草本シダ。
Phymatosorus grossus（右の写真）。

*注: 草本 - 茎に木質組織がほとんどまたはまったくない
　　Sphenophyllum　を含む植物群の説明を指します。
　　これらは 低木のような植物で、地面近くで成長し、大
　　きな植物では 蔓として成長します。

図版 I―草本シダ(アロイオプテリス)

1. アロイオプテリス・コラロイデスの葉が複数付いた標本 1a. *Alloiopteris coralloides* 2 の右下隅の拡大図。小 羽片の形態を示しています。
3. 複数の葉が葉身に付着した *Alloiopteris coralloides*。すべての標本は砂質頁岩に保存されて おり、バージニア州ワイズ郡コーバーンの東 1.5 マイル、代替州道 58 号線の南行き車線沿いにあ る露頭のケネディ炭層のすぐ上で収集されまし た。
4. 細粒砂岩に保存された *Alloiopteris coralloides*。バージニア州ワイズ郡ノートンの I-23 北沿いのブ レア炭層から 25 フィート上にある炭層探査機か ら採取された標本。

図版 II ― 草本シダ(アロイオプテリス)

1. *Alloiopteris coralloides* 1a の複数の葉を持つ標本。小羽片の形態を示す拡大図。標本は砂質頁岩に保存されており、バージニア州ワイズ郡コーバーン の東 1.5 マイル、代替州道 58 号線の南行き車線沿 いにある露頭のケネディ炭層のすぐ上で採取され まし た。

図版 III―草本シダ(アロイオプテリス)

1,1a.淡灰色のシルト岩に生息するアロイオプテリス・コ ラロ イデス。採集バージニア州ブキャナン郡ホワイトウッド近郊の ミルブランチ鉱山のジョーボーン炭層のすぐ上

1

2

3

4

図版 I 草本シダ: アロイオプテリス

1

1a

図版 III—草本シダ（アロイオプテリス）

　種子シダまたはシダ植物は、シダのような大きな葉を　持ち、種子と花粉を運ぶ鞘（胞子ではない）から繁殖する 植物群です。シダ植物は、高さ 10 フィートに達する小木 として（図 24）、または木質の茎を持つ低木または蔓植　物として成長します。葉の形状にもかかわらず、シダ植物　はシダ植物よりも針葉樹に近い関係にあります。現代のシ ダ植物を図 25 に示します。

　シダ植物はペンシルバニアの泥炭湿地で最も一般的な 植物でした。デボン紀に始まり、中生代まで繁栄しまし　た。世界中で研究されている何百もの種子シダの変種のう　ち、いくつかの属と種がバージニアで発見されています。 生殖器官（種子と鞘）は果実としても知られ、植物の葉ほ　ど一般的ではありません。それらは植物の茎から離れた状　態で見つかることが最も一般的です。

Figure 24:種子シダ、メデュロ サの復元。Gillespie, W.H., et al, 1978 をもとに改変。

Figure25: 現代の「フィルム状」シダ植物、Hymenpphyllum は、Sphenopteris elegans と比較す るために示されていま す。Sphenopteris elegans は、プレート II Sphenopteris で発見され た中灰色の頁岩に保存され た 複数の葉を持つ茎です。

プレート I—種子シダ: ニューロプテリス

1. ニューロプテリス・ヘテロフィラ

2. *Neuropteris ovata*。バージニア州ワイズ郡ローダの北東 2.4 マイルにあるマッド リック クリーク沿い の パーソン炭層の炭鉱から採取された標本。

3. 砂質頁岩に生息する *Neuropterocarpus rarinervis Langford*。標本はバージニア州ワイズ郡ワイズに あるショッピング センターの古い Food Lion ビル の 裏にある I-23 北沿いの *Clintwood* 炭層露頭か ら採取された標本です。

4. 頁岩中の *Neuropteris ovata*。バージニア州ワイズ 郡、ローリングフォークの北東 1.5 マイルにある ローリ ングフォークのスティルハウス支流のイン ボーデン 炭層の鉱山の天井層から採取された標 本。

プレート II—種子シダ: ニューロプテリス

1,2. 鉄岩に保存された *Cyclopteris oblcalaris* バージニア 州ワイズ郡ノートンの州間高速道路 23 号線北沿い の露頭にあるブレア炭層のすぐ上 の地層から採取 されました

3. 頁岩に生えた一対の *Neuropteris gigantean* の小羽 片。バージニア州ワイズ郡アパラチアのアパラチ ア 高校から約 0.5 マイル離れた、代替州道 58 号線 沿 いのワイズ層で、ブレア炭層のすぐ上から採取 され た標本。

4. 黄色粘土頁岩中の *Cyclopteris sp.*。5、5a。砂質炭 素 質頁岩に保存された Neuropteris ovata。標本 は、バージニア州ワイズ郡、ジャンクション Rt. 823 から 1.1 マイル北、パウンドの南 5.2 マイルの I-23 北沿 いのブレア炭層の下部スプリットから約 2.5 フィート 下の道路切通しから収集されました。

図版 III — 種子シダ: ニューロプテリス

1. 非常に細かい粒子の炭質砂岩に保存されたニューロプ テリス・オブリーク
2. *Neuropteris oblique* 粘土頁岩に保存されています。
3, 3a. 中粒度の赤みがかったニューロプテリス・オブリーク 茶色の鉄質砂岩。バージニア州ブキャナン郡ヘイジーの北東 5.7 マイルにあるブレークス パーク ロード沿いの道路切り通しの露頭から採取された 標本。

図版 IV—種子シダ: ニューロプテリス

1. 頁岩に保存された *Neuropteris Pocahontas*。標本はバージニア州ワイズ郡コーバーンの Alt. Rt. 58 と *Boarright Hollow Road* の交差点から 0.1 マイル東に位置する露頭のケネディ炭層のすぐ上の地層から 採取されました。
2. *Neuropteris cf. heterophylla 2a*。*Neuropteris cf. hetero-phylla pinnule*。各標本は中灰色から暗灰色 のシルト質頁岩に保存されています。標本はバージ ニア州ワイズ郡コーバーンの Alt. Rt. 58 と *Boaright Hollow Road* の合流点から 0.1 マイル東に 位置するケネディ炭層のすぐ上で収集されました。
3. *Neuropteris sp.* 4. *Neuropteris sp.*。各標本はシルト質頁岩に保存されています。標本は、バージニア州 ワイズ郡インマンの北西 4.8 マイルに位置する国道 160 号線沿いのフィリップス炭層のすぐ上で収集されました。

図版V—種子シダ:ニューロプテリス属1-6。収集された標本

バージニア州ワイズ郡インマンの北西 4.8 マイルに位置する国道 160 号線の道路切通しの露頭にあるフィリップス炭層から採掘されました。

図版 VI ― 種子シダ：ニューロプテリス。

1. ニューロプテリス ポカホンタス var. inaequatis 標本が保存されていますバージニア州ワイズ郡コーバーンの西 1.5 マイルに位置するアイリー炭層の露頭から採取された淡黄色の粘土岩です。この岩石は主に粘土鉱物モンモリロナイトで構成されており、火山灰から生成されます。

1

2

3

4

プレート1種子シダ: ニューロプテリス

1

2

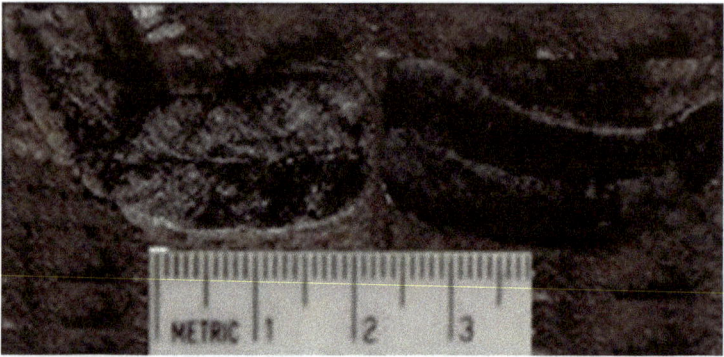

3

4

5

5a

プレート II 種子シダ: ニューロプテリス

1

2

3

3a

プレート III 種子シダ: ニューロプテリス

1

2

2a

3

4

プレートIV 種子シダ：ニューロプテリス

1　　　　　　　　　2　　　　　　　　　3

3a　　　　　　　4　　　　　　　4a

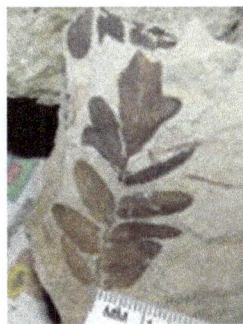

5　　　　　　　　　　　　　　6

プレート V 種子シダ: ニューロプテリス

プレート VI 種子シダ: ニューロプテリス

図版 I—種子シダ: スフェノプテリス

1. 粘土岩中の **Sphenopteris (Oligocarpia) sp.**。バージニア州ワイズ郡、Rt. 823 交差点から 1.1 マイル北、パウンドから 5.2 マイル南の I-23 沿いのブレア炭層の道 路切通しから採取された標本。
2, 2a. 粘土岩中の **Sphenopteris（Oligocarpia）**属。3、3a. **Sphenopteris** pygmaea。バージニア州ブキャナン郡ヘイ シの北東 5.7 マイルにあるブレイクス パーク ロード 沿いのグラモーガン炭層層の道路切土から採取され た標本。

プレートI

種子シダ—アレトプテリス

1. **Alethopteris evansi**。淡黄色の粘土岩に保存された標本。バージニア州ワイズ郡コーバーンの西 1.5 マイルにある Aily 炭層の露頭から採取。この岩石 は主に粘土鉱物モンモリロナイトで構成されており、火山灰から生成されます。
2. 明るい灰色のシルト質頁岩に生息する **Alethopteris serli**。バージニア州ブキャナン郡、ホワイトウッド/ジュエルリッジのティラー炭層から採集。

図版 II —種子シダ - アレトプテリス。

1, 2. 成長段階の2段階にある Alethopteris zeilleri。画像 2 は、災害の葉の Lobatannularia (岩の中心) です。標本は、中灰色のシルト質頁岩に保存され ています。バージニア州ブキャナン郡、ホワイト ウッド/ジュエルリッジのティラー炭層から収集されました。

図版 I. 種子シダ - アレトプテリス。

図版 II. 種子シダ - アレトプテリス。

図版 I—種子シダ: スフェノプテリス

1. 粘土岩中の *Sphenopteris*（*Oligocarpia*）sp。バージニア州ワイズ郡、Rt. 823 の交差点から 1.1 マイル北、パウンドの南 5.2 マイルの 1-23 号線沿いのブレア炭層の 道路切通しから採取された標本。

2, 2a. 粘土岩中の *Sphenopteris*（*Oligocarpia*）属。3、3a。*Sphenopteris pygmaea*。バージニア州ブキャナン郡ヘイ シの北東 5.7 マイルにあるブレイクス パーク ロード 沿いのグラモーガン炭層層の道路切土から採取され た標本。

プレート II—種子シダ: スフェノプテリス

1. 頁岩の中の *Sphenopteris elegans*。バージニア州ワイズ郡セントポールの北東に位置するハニーブランチ

ロード沿いのジョーボーン炭層の鉱山の天井層から
採取された標本。

2. スフェノプテリス・ニューロプテロイデス。

3. *Sphenopteris pygmaea*。灰色の粘土頁岩に保存され
た標本。バージニア州ワイズ郡コーバーンの東約
1.5 マイル、州道 158 号線と代替州道 58 号線南の
交差　点付近のケネディ炭層道路の切通しから採集
されま した。

4. 灰色頁岩に生息する *Sphenopteris gracilis*。バージニ
ア州ワイズ郡、州道 78 号線、ストーンガ ロードの ス
トーンガから 2.4 マイル北に位置する *Lowsplint* 炭
層の鉱山の天盤層から採取された標本。

5. 灰色の滑らかな側面を持つ頁岩に生息する
Sphenopteris laurenti。バージニア州ワイズ郡コー バ
ーンの北西に位置するスティールズフォーク沿い　の
アッパーバナー/スプラッシュダム炭層の炭鉱の　天
井層から採取された標本。

図版 III—種子シダ: スフェノプテリス

1. スフノプテリス・ストライタ。濃い灰色の容器に保 存
された標本　頁岩。バージニア州ワイズ郡コーバーン
の Jct. Alt. Rt. 58 と Boaright Hollow Road の東
0.1 マイルに位置する道路切通しの露頭にあるケネ
ディ炭層か ら採取されました。

2, 2a, 2b. スフェノプテリス・ハーベイ・レオ・レスケ ル
ー、1884年裂片はありません。標本は明るい灰色か
ら茶色が　かった白色の頁岩の中に保存されていま
す。バー ジニア州ワイズ郡インマンの北西 4.8 マイ
ルの道路 切通しの露頭にあるフィリップス炭層から
採取されました。

1

2

2a

3

3a

プレート1 種子シダ: スフェノプテリス

1

1a

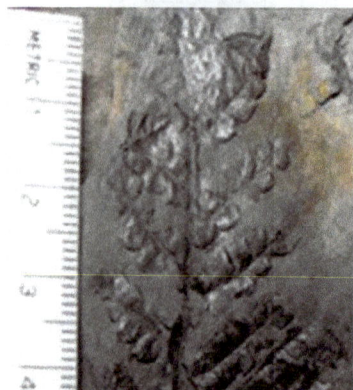
2

3

4

4a

5

プレート II 種子シダ: スフェノプテリス

1

2

2a

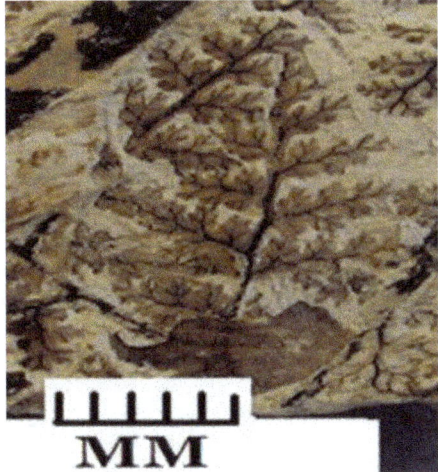

2b

プレート III 種子シダ: スフェノプテリス

図版 I—種子シダ:シダの葉と茎

1. ***Sphenopteris spinosa*** Goppert 1842 完全最終版1b.
    最終羽状骨の部分拡大図。バージニア州ワイズ郡コ
    ーバーン、コーバーン山道の北行き車線沿いの道路
    切り通しの露頭からアッパーバナー炭層で採集。

1,2a. 灰色の粘土頁岩の中の ***Lyginopteris*** の茎。採取し
    た標本　バージニア州ワイズ郡コーバーンの東1.5マ
    イル、国道58号線沿いに位置するケネディ炭層露頭
    のすぐ上にある頁岩から採取されました。

3. ***Diplotheca stellata*** は
    Lyginopteris 植物の種子で、通常は種子が付いてい
    ない状態で見つかります。灰色の粘土頁岩に保存
    された標本。バージニア州ワイズ郡インマンの北　西
    4.8 マイル、国道 160 号線沿いの Alt. Rt. 58 沿い
    の道路切土にあるフィリップス炭層の露頭から 採取
    されました。

1

1a

2

3

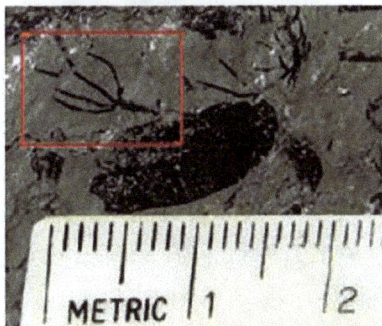

5

4

プレート I シダの種子: *Lyginopteris*

図版 I—種子シダ: スフェノプテリス

1, 2. ゼイレリア属,
頁岩中の「Sphenopteris から派生した」種（Taylor
ら、2009　年）。バージニア州ワイズ郡コーバーンの
米国ルート 58 代替道路とボートライト ホロウ ロー
ドの交差点から 0.1 マイル東に位置する道路切通し
の露頭にあるケネディ炭層から採集されました。

プレート II—種子シダ: スフェノプテリス

1.　ゼイレリア属.
1a. Enlarged view of one of the blades in fig- の
ような光沢を持つ緑泥石頁岩に保存された標本。バ
ージニア 州ブキャナン郡ハーモンの南西、州道 609
号線と 664 号線の交差点にあるブル クリークのデ
ィール　フォークに位置するスプラッシュダム炭層の
鉱山 の天井層から採取された。

図版 IV—種子シダ: スフェノプテリス

1.　スフェノプテリジウム・ディセクタム（中央）とスフェノ
プテリス ***Harveyi Leo Lesquereux***、1884 年（標本の
右端）。標　本は、薄い灰色から茶色がかった白色の
頁岩の中に保存されています。バージニア州ワイズ
郡イン マンの北西 4.8 マイル、国道 160 号線沿いに
ある フィリップス炭層露頭から採集されました。
2, 2a., 淡い灰色の容器に保存された ***Sphenopteris sp***. 標
本 褐色がかった白色の頁岩。バージニア州ワイズ郡
インマンの北西4.8マイル、国道160号線沿いにあ る
フィリップス炭層露頭から採取。
3.　***Sphenopteris artemisae*** 光の中で保存された標本 灰
色から茶色がかった白色の頁岩。バージニア州 ワイ

ズ郡インマンの北西 4.8 マイル、国道 160 号 線沿いのフィリップス炭層露頭から採取。

プレートI

種子シダ類—Sphenopteris。類似

1, 2. *Zeilleria sp.*「類似の形態に使用される葉形態形成植物」頁岩中の「Sphenopteris から派生した」種 (Taylor ら、2009 年)。バージニア州ワイズ郡コーバーンの 米国ルート 58 代替道路とボートライト ホロウ ロー ドの交差点から 0.1 マイル東に位置する道路切通し の露頭にあるケネディ炭層から採集されました。

プレート II

種子シダ類—*Sphenopteris*。類似

1. *Zeilleria sp.* 1a. 図の1枚の刃の拡大図 1, 形態の詳細を示しています。珍しい絹のような 光沢を持つ緑泥石頁岩に保存された標本。バージ ニア州ブキャナン郡ハーモンの南西、州道 609 号 線と 664 号線の交差点にあるブル クリークの ディールフォークに位置するスプラッシュダム炭 層の鉱山の天井層から採取されました。

1

1a

図版 I. 種子シダ - *Eusphenopteris*。

1

1a

1b

図版 *IV. 種子シダ - スフェノプテリス*

1

2

プレートI 種子シダ：スフェノプテリス様

1

1a

プレート II 種子シダ: スフェノプテリス様

図版 I — 種子シダ: マリオプテリス

1,1a, 1b, 2. 砂質頁岩に生息する Mariopteris anthrapolis Langford。3. 葉軸にまだ付いた葉の部分。バージニア州ワイズ 郡ワイズにあるショッピング　センターの古いフード ライオン ビルの裏にある I-23 北沿いのク リントウッド炭鉱地帯の露頭から採取された標 本。

プレート II — 種子シダ: マリオプテリス

1, 1a., 2. 茶色がかった黄色に保存されたマリオプテリス・ム リカタ シルト質頁岩。バージニア州ワイズ郡インマンの北西4.8マイルに位置する道路切通しの露頭にあるフィリップス炭層から採取された標本。Rt.160

図版 III — 種子シダ: マリオプテリス

1. 中灰色のシルト質頁岩に保存された *Mariopteris sp*。標本はバージニア州ワイズ郡ノートン、ジャン クション オルト ルート 58 から 0.5 マイル北の I23 沿いの露頭でブレア炭層から約 25 フィート上で採 取されました。
2. 緑がかった黄色のシルト質頁岩に生息する *Mariopteris eremopteroides*。バージニア州ブキャナン郡ヘイシ近郊、州道 76 号線と 83 号線の交差点から北に 4.5 マイルのブレイクス パーク ロード沿い の道路切土部にあるグラモーガン炭層の露頭から採 取された標本。
3. 灰色の頁岩に生える *Mariopteris pottsvillea*。バージ ニア州ワイズ郡インマンの北西 4.8 マイル、国道 160 号線沿いにあるフィリップス炭層露頭から採取された標本。

1

1a

1b

2

プレート1 種子シダ: マリオプテリス

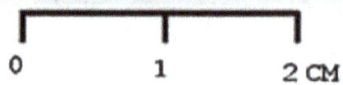

1   1a

2

プレート *II* 種子シダ: マリオプテリス

1

2

3

Plate III Seed Fern: Mariopteris

プレートI— 種子シダ:

1, 1a.　***Eremopteris missouriensis*** のカビと　造。2、2a。***Eremopteris crenulata*** のカビと鋳造。3。***Eremopteris sp***.

4. ***Eremopteris sp***. （中央）と ***Sphenopteris harveyi*** (***Leo Lesquereux***)、1884 （標本の右端）。標本は淡い茶色が　かった黄色から灰白色のシルト質頁岩に保存されてい　ます。バージニア州ワイズ郡インマンの西 4.8 マイル、国道 610 号線沿いの道路切通しにあるフィリップス炭 層のすぐ上から採集されました。

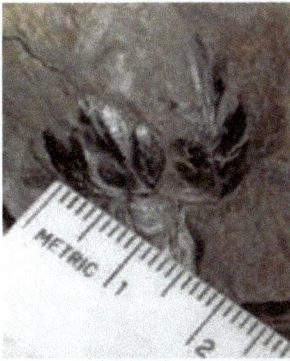

1

2

3

3a

4

4a

5

プレート1種子シダ: スフェノプテリス

1

1a

2

2a

1

1a

プレート I 種子シダ: エレモプテリス

図版 I—種子シダ：オドノプテリス

1. ***Odonopteris sp***.　標本は暗灰色の頁岩の中に保存さ　れています。バージニア州ワイズ郡コーバーンの Jct. Alt. Rt. 58 と Boaright Hollow Road の東 0.1 マイ　ルに位置する道路切土の露頭にあるケネディ炭層 から採取されました。

2. ***Odonopteris aequalis Lesquereux***、1866　年。型と鋳造。2a、2b、2c。葉脈の詳細を示す葉の拡大図。鉄鉱石のコンクリーションに保存された標本。　バージニア州ワイズ郡ワイズ近郊、I-23 北沿いの ワイズ郡ショッピング　センターの高壁にあるクリ　ントウッド炭層層の上の地層から収集。

1

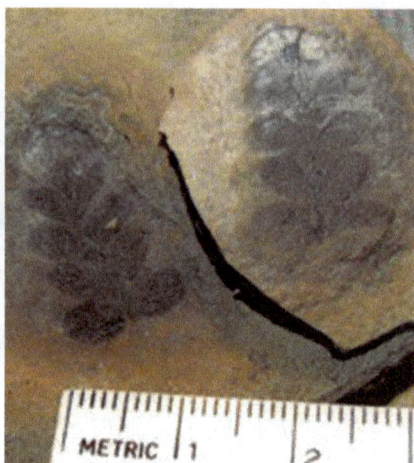

2

2a

2b

2c

プレート 1 種子シダ: オドノプテリス

図版 I — 種子シダ: アレトプテリス

1. 1a.アレトプテリス・ロンキテカ。
2. *Alethopteris lonchitica*（左）と *Neuropteris*（右）ブレア炭層のすぐ上から採取された標本?バージ ニア州ワイズ郡アパラチアのアパラチア高校から 約0.5マイル離れた代替州道58号線沿いのワイズ層 で採取された標本
3,3a ほぼ完全なAlethopteris lonchiticaの鋳型と型 頁岩に保存された葉。バージニア州リー郡セント チャールズの北、ボニーブルー地域にある鉱山の 屋根層から採取された。

プレート II — 種子シダ: アレトプテリス

1. 砂質頁岩中の葉軸にまだ付着している *Alethopteris decurrens* の葉。1a。葉身の形態を示す拡大図。
2. 頁岩中の *Alethopteris serlii*。
3. 砂質頁岩の中の葉軸にまだ付着している *Alethopteris lonchitica* の葉身が数枚。バージニア 州ワイズ郡ローダの北東 2.4 マイル、マッド リック クリーク沿いにあるパーソンズ炭層の鉱山の天 井層から採取された標本。

1   1a

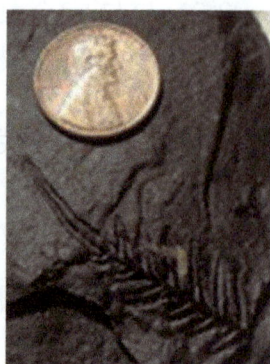

2   3

3a   4

プレート *1* 種子シダ: アレトプテリス

1

1a

2

3

プレート II 種子シダ: アレトプテリス

図版 III — 種子シダ — アレトプテリス:

1. ***Alethopteris decurrens*** . 1a. 小羽片の拡大図（リーフレット）写真番号 1 より。標本は濃い灰色 の頁岩に保存されています。バージニア州ブキャ ナン郡ハーレー付近のスプラッシュダム炭層の真 上にある天層から採取されました。

1

1a

図版1— シダのような茎。

1, 1a, 1b. 青灰色の頁岩の中に保存された**Rhodea sp.**。収集 バージニア州ブキャナン郡ハーマン近郊のディールフォーク道路と州道609号線の交差点に位置するスプラッシュダム炭層の炭鉱の天井層から採取 されたものです。

1

1a

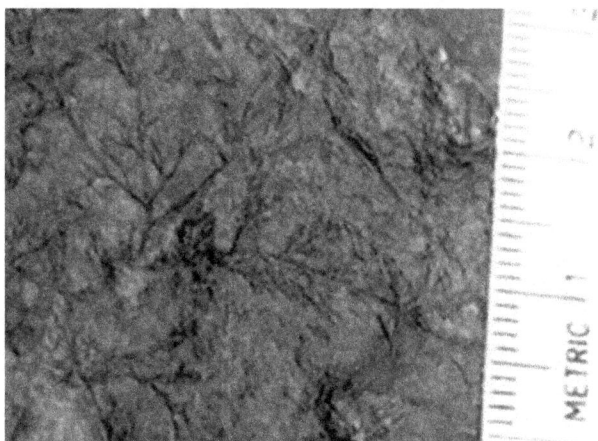

1b

プレート1 ローデア 133

第9章

種子

プテリドセラピムとコルダイトはどちらも、化石として保存される可能性のある種子を生産しました。種子の大部分は通常、種子はそれを生成した植物から分離して発見されるため、関連性を特定することは困難ですが、種子が親植物にまだ付着しているのが見つかることもあります(図 II、10 個の種子鞘と図 I、3 個の種子シダ: ニューロプテリスを参照)。種子名(または形態グループ)のう ち、*Trigonocarpus* は、種子シダの形態である *Alethopteris* および *Neuropteris* と関連付けられています。*Neuropteris* によって生成されたと考えられている種子である *Neuropterocarpus* は、シダ植物と直接関連して いることがほとんどないことに留意してください。

プレートI—種子鞘

1. Cardicarpon sp. または Crossotheca crepinii。2. Cardicarpon sp. 3. Trigonocarpus sp. Nucellus。4. Trigonocarpus sp. sclerotesta。5. Rhabdocarpus sp. 鋳 型。5a. Rhabdocarpus sp. カビ。6. Carpolithes。7. Trigonocarpus sp. 8. Rhabdocarpus sp. 9. Carpolithes 標本 1

、3-9 は、ジャンクション Rt. 823 から 1.1 マイル北、Pound、Wise から 5.2 マイル南の I-23 沿いの Blair 炭層から約 2.5 フィート 下で採取されましたバージニア州ワイズ郡。標本 2 は、バージニア州 ワイズ郡アパラチアのアパラチア高校から約 0.5 マイル離れた、代替州道 58 号線沿いのワイズ層 のブレア炭層のすぐ上から採取されました。

10. バージニア州ワイズ郡アパラチアの鉄道線路沿 い、ウェストオルタナティブステート国道 58 号 線の「無名の炭層」のすぐ上にあるノートン層から採取された砂岩中のホルコスペルマム。

11. *Cordaicarpus*。12. *Trigonocarpus sp*. 13. Schopfia sp. 標本 11 ～ 13 は、バージニア州ワイズ郡のワイズ ショッピング センター裏の北 I-23 沿いのクリン トウッド炭層層から採集されました。

プレート II—種子鞘

1. 灰色頁岩中の*Givesia sp.*（花粉器官） バージニア州ワイズ郡コーバーン近郊、Alt. State Rt. 58 East 0.1 マイル East Boaright Hollow Road 沿い の道路切通しにあるケネディ炭層の露頭。

2,3. Cardiocapus *bicuspidatus*、*Lesquereux*、1884 年に保存 中灰色のシルト質頁岩。バージニア州ワイズ郡ワイズ、I23 北沿いのワイズ郡ショッピング セン ターの高壁にあるクリントウッド炭層層から約25 フィート上の地層から採取されました。

4. バージニア州ワイズ郡コーバーンの西 1.5 マイ ル、州道 58 号線西から 200 フィートのところに あるアイリー炭層露頭から採取された淡黄色の粘 土岩に生えるホルコスペルマム。

5. Carpolithes Butlerianus （Lesquereux）、1884 年。6. Rhabdocarpus tenax (Lesquereux)、1884

年。灰色の　頁岩に保存された標本。ケネディ炭層の露頭から　採取され、道路沿いの0.1マイル東に切り開かれたバージニア州ワイズ郡コーバーンの代替ルート 58 とボアライト ホロウ ロードの交差点。

7. **_Cardiocarpous_**。　8.　**_Cardiocarpous_** **_diplotesta_** (**_Lesquereux_**)、1884　年　（鋳造と型）。9. **_Cardiocarpus_** **_dilatatus_** (**_Lesquereux_**)、1884　年。淡灰色のシルト質頁岩からシルト岩に保存された標本。バージニア 州ワイズ郡、ワイズ、I-23 ノース沿いのワイズ郡 ショッピング センターの高壁で、クリントウッ ド炭層層から約 25 フィート上の地層から採取。10. 砂質頁岩に生える **_Neuropterocarpus rarinervis Langford_**。バージニア州ワイズ郡ワイズにある ショッピング センターの古い Food Lion ビルの裏 にある I-23 北沿いのClintwood 炭層にある露頭か ら採取された標本。

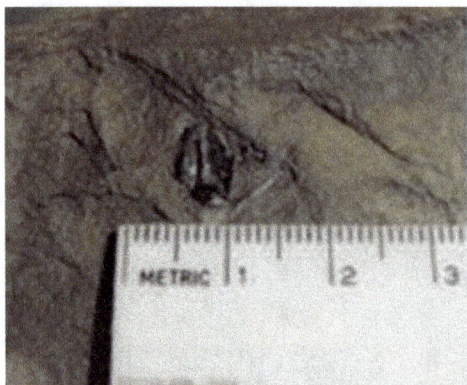

1

2

3

4

5

5a

プレート1 種子鞘

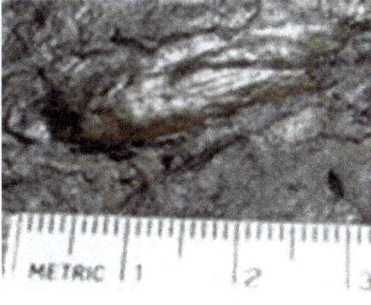
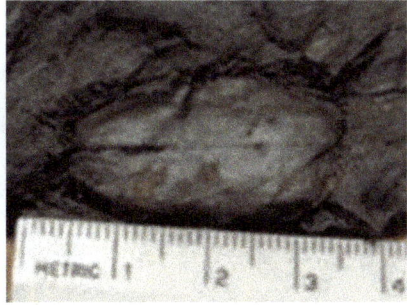

6

7

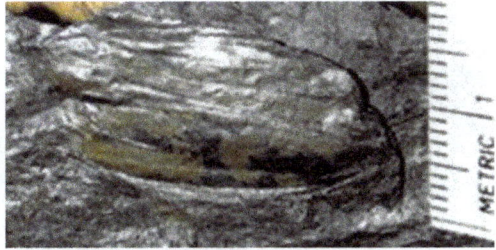

8

9

10

11

12

13

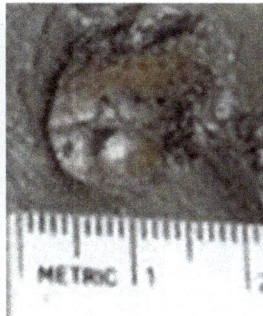
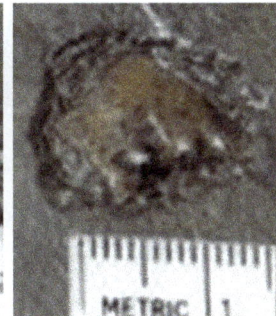

プレートI 種子鞘

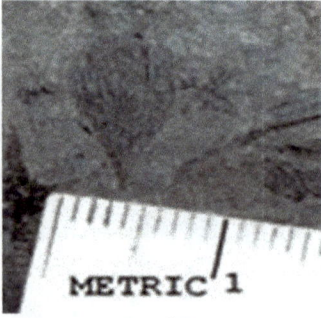

1

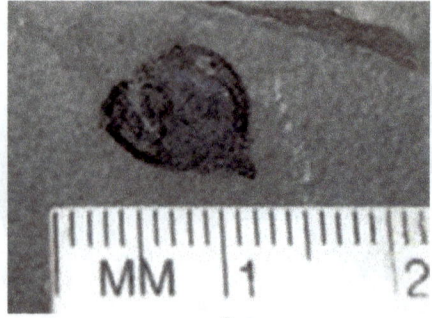

2

3

4

6

5

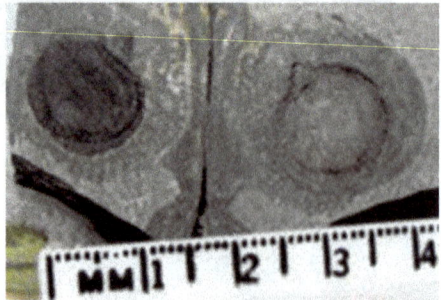

8

7

9

10

プレート II 種子鞘

図版III. 種子鞘。

第10章

植物化石とともに発見された海洋化石動物相

この章では、海洋や沿岸に生息する生物（動物相）のいくつかの種類を紹介し、植物が堆積物に埋もれた後、湿地帯に広がった。これらの堆積物は炭鉱の天板岩になった。この章で示す化石動物は、図1に挙げたいくつかの炭層のすぐ上または数フィート以内で採取された。この章の図版IとIIに示す動物群は、底殻と上殻からなる外殻のような骨格を持ち、「二枚貝」として知られている。これらはブラキオポッド類である。ヒンジ（関節）のあるものもないものもある。これらの生物の大部分は、1つであるlingulaを除いて絶滅している。lingulaという名前はラテン語に由来し、「小さな舌」を意味することに注意すること。これらの二枚貝の生物を、ここで*Pecinacea, pecten*(図版I—海洋化石:No.1)として表される *Pelecypods* 類または「ハマグリ」と混同しないように注意すること。これらの生命体は今日でも生きており、ホタテガイです。外側の骨格や殻が「平らに巻かれた」動物相のもう1つのタイプは、オウムガイ類を含む頭足類です(図版IV-海洋化石、No.2標本を参照)。

最後に発見された動物は、内部に円錐形の殻を持つ生物で、図版 IV「海洋化石」の No. 1、1a、3 に示されていま す。これらはイカのような海洋生物です。

地質学者は、上記の動物群の特定の種を、それらが生息していた環境を決定するために使用します。また、各生物群の特定のメンバーは、関連する岩石、石炭、化石植物の年代を推定するためのガイドとして使用される特定の形態です。これらは、地質学的時間の短い期間にのみ存在し たものであり、「ガイド化石」と呼ばれます (Moore, R.C., 1952, pp 197,335)。地質学者は、リンガ、櫛状体、オウムガイが化石として古代の岩石に見られること、および現代 の海に生息する直接の子孫であることを発見しており、「生きた化石」と呼ばれています (Fortey, Richard 1982)。

プレートI—海洋化石：ペレキポッド類—二歯類　イモ類。石炭紀の貝類では、この形態が優勢で あった。

1. ペクテン sp. 2. アビキュロペクテン型 3. アビ キュロペクテン型 4、5. Fasciculiconcha のカビ。6. Cordaicarpus (Geinitz) Stewart、1917 (種子鞘)、2本の不完全な櫛歯とともに発見。殻は薄い灰色のシルト岩の中に保存されている。標本は、バージニア州ワイズ郡ワイズ、ショッピング センター裏の I-23 北沿いのクリントウッド炭層にある露頭から採取された。

プレートII — 海洋化石: ペリキポッド類:

1. Chaenomya 2. Mytilarca 採取された標本 バージニア州ワイズ郡パウンドの南 2 マイル、ボールド キャンプ マウンテンの州道 817 号線と 637 号線の交差点から西に 0.6 マイルのノートン 炭鉱地帯。

図版 III—汽水化石: ブラカポッド類:

1.　舌状突起 1a. モダンリビング Lingula 2. Lingulacea sp.（注: 元の貝殻素材の保存状態は真珠層です）。バー ジニア州ワイズ郡ノートンのドーチェスター コ ミュニティにあるタッカーズ ブランチ ロード沿 いのノートン炭層層から収集された標本。

プレートIV—海洋化石:

1, 1a. おそらくバクトライト類または擬正乳類のオウ ムガイ類の鋳型と鋳造。2.　おそらくパラメタコセラ ス属のオウムガイ類。2a. 現生のオウムガイ類。3. オ ウムガイ類。殻は薄い灰色のシルト岩の中に保存され ている。クリントウッド炭層沿いの露頭から採取され た標本 ショッピング センターの北裏、バージニア州 ワイズ郡ワイズ

1

2

3

4

5

6

プレート I — 海洋化石: ペリキポッド類

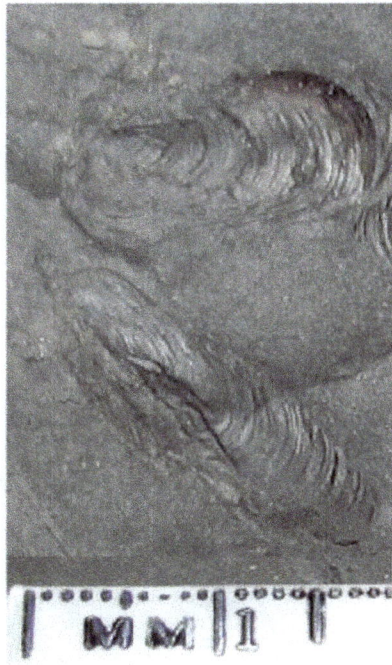

1   2

プレート *II* 海洋動物相（ペリキュポッド類）

1a

1   2

プレート *III* 汽水動物相 腕足動物

1

1a

2

3

2a

プレート IV 海洋動物 ヌティロイド

参考文献

ケース、ジェラルド R.、1982 年、「化石の図解ガ イド」、ヴァン ノストランド ラインホールド社、ニュー ヨーク州ニューヨ ーク

フォーテイ、リチャード、1982年、「化石：過去への 鍵」、ヴァン・ノストランド

ラインホールド社、ニューヨーク、ニューヨーク州 ギレスピー、ウィリアム H.、クレンデニング、ジョン A.、およびプフェッファーコーン、

Herman W.、1978、「ウェストバージニア州の植物化 石」、ウェストバージニア州地質経済調査局、教育シ リーズ ED-3X、pp. 172。

ヤンセン、レイモンド、E.、1939、化石林の葉と茎：A イリノイ州立博物館の古植物学コレクションのハンド ブック、ポピュラーサイエンス、シリーズ第 1 巻、190 ページ。

ククク、ポール、1938年、ニーダーライン＝ヴェストファーレ ンの地質学 マシューズIII、ウィリアムH.、1962年、化石、先史時代の生命の紹介、バーンズ＆ノーブル社、ニューヨーク、pp.337 レスキュー、レオ、1879-1884年：石炭植物相の説明 ペンシルバニア州および米国全土の石炭紀層。第 2 ペンシルバニア地質調査所、出版物、3 巻。

ムーア、レイモンド他、1952年、「無脊椎動物の化石」、 マグロウヒルBook Company, Inc.、ニューヨーク、776ページ。

オハイオ州天然資源局、地質調査部、1996 年、「オハイ オ州の化石」、紀要 70、577 ページ

スワード、A.C.、M.A.、F.R.S.、1898年、「化石植物：教 科書」

植物学と地質学の学生、ケンブリッジ大学出版局、ロ　ンドン、第 1 巻、478 ページ

スワード、A.C.、M.A.、F.R.S.、1898年、「化石植物：教科書」

植物学と地質学の学生、ケンブリッジ大学出版局、ロ　ンドン、第2巻、566ページ

スワード、A.C.、M.A.、F.R.S.、1898年、「化石植物：教科書」 植物学と地質学の学生、ケンブリッジ大学出版局、ロ　ンドン、第3巻、684ページ

Steinkohlengebietes、Springer-Verlag、New Your, Inc.

テイラー、トーマス、N.、テイラー、エディス、L.、クリン

グス古植物学：化石植物の生物学と進化、第 2 版、1230 ページ。

ティドウェル、ウィリアム・D、1998年、西部の一般的な化石植物　北米、第2版、スミソニアン協会出版局、ワシントン　およびロンドン

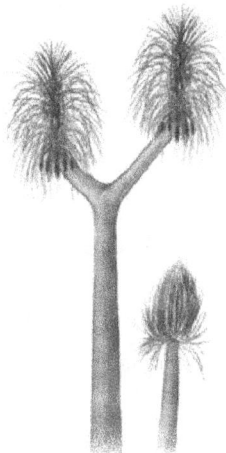

付録A

バージニア州の化石
採集 地の場所

7.5 Minute Topographic Quadrangle Map	Coal Seam	Longitude*	Latitude *	Town/City	Geologic Formation +
Hurley	Splashdam1**	82-04-30	37-25-30	Hurley	Norton
Grundy	Splashdam2	82-30-00	37-20-00	Hurley	Norton
Harman	Splashdam3	82-13-00	37-17-00	Harman	Norton
Harman	Splashdam4	82-14-00	37-19-00	Conaway	Norton
St. Paul	Jawbone1	82-19-00	36-57-00	St. Paul	Norton
Carbo	Jawbone2	82-10-30	36-59-30	South Clinchfield	Norton
Bradshaw	Jawbone3	81-50-00	37-15-00	Whitewood	Norton
Appalachia	Parsons (=Pardee)	82-49-17	36-58-13	Roda	Wise
Coeburn	Kennedy1	82-24-00	36-56-15	Coeburn	Norton

Coeburn	Kennedy2	82-24-59	36-56-38	Coeburn	Norton
Nora	Upper Banner1	82-15-15	37-05-30	Counts	Norton
Appalachia	Taggart	82-47-30	37-00-00	Bluff Spur	Wise
Appalachia	Blair1	82-46-06	36-54-45	Appalachia	Norton
Pound	Blair2	82-35-15	37-01-15	Pound	Wise
Wise	Blair3	82-36-45	36-56-15	Norton	Wise
Wise	Blair4	82-35-15	36-57-40	Wise	Wise
Appalachia	Unknamed	82-47-30	36-53-15	Appalachia	Norton
Honaker	Tiller	81-52-35	37-07-30	Red Ash	Norton
Appalachia	Phillips	82-50-41	36-55-23	Inman	Wise
Wise	Aily	82-30-50	36-56-11	Tacoma	Norton
Nora/Duty	Upper Banner2	82-15-15	37-03-00	Bucu	Norton
Coeburn	Upper Banner/ Splashdam	82-29-55	36-57-56	Coeburn	Norton
Pennington Gap	Harlan	83-02-00	36-51-00	St. Charles	Wise
Norton	Blair5	82-36-46	36-56-30	Norton	Wise
Appalachia	Lowsplint	82-47-22	36-57-40	Stonega	Wise
Coeburn	Upper Banner3	82-29-25	36-56-53	Coeburn	Norton
Carbo	Lower Banner	82-11-52	36-59-21	South Clinchfield	Norton
Vansant	Hagy	82-08-15	37-11-23	Vansant	Norton
Elkhorn City	Glamorgan	82-16-47	37-15-52	Haysi	Wise

| Pound | Norton | 82-36-13 | 37-07-27 | Pound | Norton |
| Norton | Clintwood | 82-35-50 | 36-58-18 | Wise | Wise |

脚注:* 度分秒で表記された座標
* 数字は異なる場所を示しますが、同じ炭層層です+ 地質年代はペンシルベニア紀後期からペンシルベニア紀後期です

ペンシルバニア紀（石炭紀）中央アパラチア炭田の植物化石アトラス

原稿2

ペンシルバニア州の石炭湿地の植生の復 元。湿
地内および周囲に生育する多くの植 物の種類
を組み合わせたもの。オリジナル イラスト John
Hughes at http:// www.jfhdigital.com/.

了承

この原稿は、最初の原稿と同様、コネチカット州ニューヘブンのエール大学ピーボディ自然史博物館の古植物学者で古植物学部門のコレクションマネージャーであるシュシェン・フー博士と、英国ウェールズの同博物館の古植物学者であるクリストファー・クレアル博士の協力なしには完成しませんでした。また、原稿の査読と化石の同定に協力してくれたスミソニアン国立自然史博物館の古生物学部門のビル・ディ・ミシェル博士にも感謝します。イリノイ州シカゴのフィールド博物館の科学教育部門に所属するジャック・ウィトリー博士も化石の同定に協力してくれました。

　また、いつものように、我が家にある数多くの化石標本の箱を辛抱強く見守ってくれた妻のベスにも感謝したいと思います。私がコレクションをバージニア自然史博物館とコネチカット州ニューヘブンのピーボディ博物館に寄贈したとき、彼女はとてもほっとしていました。

　図版に記載されている化石はすべて、特に注記がない限り、著者が収集し、撮影したものです。

序文

私は過去36年間、バージニア州南西部、ケンタッキー州、ウェストバージニア州の瀝青炭鉱とその周辺で過ごしてきました。炭鉱労働者が私が地質学者だと知ると、最もよく聞かれる質問は「鉱山の屋根で見かける化石はどんな種類のものですか?」でした。私は最善の返答をしますが、植物の跡が恐竜の時代より何百万年も前の泥炭形成沼地に生えていた植物を表しているということを彼らに理解してもらうのは難しいです。ほとんどの人はシダのような化石を認識していますが、それが木の根の一部なのか木そのものなのかについては混乱しています。多くの人は、化石は古代の植物のものではなく、爬虫類の保存された遺物だと考えています。

　この原稿は、以前の化石アトラスの補足です。この学習ガイドには、バージニア州、特にケンタッキー州からのより多くの植物化石が記録されています。

導入

この巻では、他の収集家(主に炭鉱労働者)から寄贈された植物化石の別の種類が紹介されています。これは、この地域では収集に適した露頭(道路の切り込み)が少なくなり、見つけにくくなっているためです。最良の標本は鉱山で見つかります。バージニア州に加えて、ケンタッキー州とウェストバージニア州でも多くの化石が見つかりました。古代の植物と現代の類似植物のいくつかを視覚的に比較します。

　私が地質学に興味を持ったのは化石がきっかけで、この出版物の目的は、石炭地帯で発見された石炭紀の一般的な植物化石の識別に関する図解ガイドを作成することです。特に対象としているのは、あらゆる年齢層の岩石愛好家や地質学者を目指す人々です(図1)。

形 1. これは私にとても似ているので 皆
さんとシェアしたいと思います.

　　この本と、以前に出版されたMcLoughlin, T.F., 2017の
作成中に発見された植物化石の大部分を占める樹木のサ
イズの範囲を把握するために、2つの樹木図を以下に示し
ています（図2と図3を参照）。これらは、Kendrick,PとPaul
Davis,2004、Cleal, C.J.とBarry A. Thomas, 1994、および
Cross, A. T., et. al.,1996に記載されている樹木/植物の高さ
に基づ いています。コルダイテスは、低木のようなサイズから
巨大なサイズまで幅広いサイズの植物のグループに属してい
たことに注意してください。マングローブのような根を持 つコ

ルダイテスの品種は、このシステムはあまり大きく成長せず、この本の執筆時点では、文献には成長サイズの推定値は記載されていません。そのため、マングローブのようなコルダイテスの図は、「低木」の木や植物をイメージして描かれています。

　レピドデンドロンとレピドフロイオスの近縁種で、化石の属レピドデンドロンとシギラリアの中間の特性を持つが、ボスロデンドロンです。同族種と同様に、現代のヒカゲノカズラ類と関連のあるヒカゲノカズラでした。130 フィート、直径は約7フィートに成長しました。

　現在の文献ではボスロデンドロンの復元図は見つからず、そのため樹形図には示されていません。

　世界中の石炭紀の炭田で発見された植物の既知の多様性のすべてが示されているわけではなく、バージニア州、ケンタッキー州、ウェストバージニア州での採集中に遭遇 したものだけが示されている（図11を参 照）。McLoughlin, T.F., 2017 で説明されている「ケトルボ トム」と化石の立ち木の幹の発達の一連の手順と、ケトル ボトムが地下炭鉱労働者に及ぼす危険を簡略化して、ケン タッキー地質調査所（KGS）の Web サイトから引用した　スケッチで以下に示す（図 4）。また、KGS の Web サイト（左）と、ウェスト バージニア州ポカホンタスのポカノ ンタス鉱山で私が撮影した写真（右）の、鉱山の天井にあ るケトルボトムが図 5 に示されています。例として、土壌 条件に基づいて植物と樹木の分布を示す、典型的な石炭紀の森林の風景ではなく、典型的な石炭層の泥炭湿地の断面を示すスケッチが、1994 年に DiMichele と Phillips によって最初に提示され、その後他の人によって再描画され、図6としてここに含まれています。

　トライステート地域で化石が収集された石炭層のさまざまな年代は、現代の地質年代尺度（図7）と地質層序の 図に示されています図8、9、10の列。化石が収集された郡は、地域の索引地図（図11）に示されています。

　化石植物や動物のように見える無機物には注意してください。これらはシダ、ヘビ、魚ではない、似たようなものです。

岩の割れ目に沿って移動した水によって残される　最も一般的な鉱物残留物は樹枝状結晶です。これらはシダのグループである *Sphenopteris* によく似ています。擬似化 石のバリエーションは、木の枝や樹皮の印象であり、爬虫　類の皮膚の鱗のように見えます。炭鉱労働者がヘビや魚を発見したという話に私は非常に懐疑的でした。なぜなら、物理的証拠や写真による証拠がなかったからです。炭鉱労 働者が鉱山の屋根からそれを引き出そうとすると、「化 石」は崩壊したりばらばらになったりします。私はついに 炭鉱の屋根の岩の中に魚だと言われている形を見つけ、今 では少なくとも 1 つの魚のように見える形を表す写真を　持っています。それは化石の魚であることが判明しました。レピオデンドロンやレピドフロイオスの茎や枝の跡がヘビの皮のように見えるのは、化石に「鱗のような」模様があり、しばしば曲がりくねった形をしているからだと思います。Gillespie (1978) には、種子に似た水に浸食された 小石も含まれており、経験豊富な収集家や専門家でさえも 騙されることがあります。東部の炭田で「ケトルボトム」と呼ばれることが多い形状は、鉱山の天井から落ちたり、露天掘りで掘り出されたりしてほぼ円形の空洞を残すた　め、実際にはコンクリーションです。生痕化石とは、堆積　物に残された足跡や道筋のことで、岩になったときに、ミ ミズの跡など、生き物そのものと間違えられるような跡を 残します（図版 I を参照）。

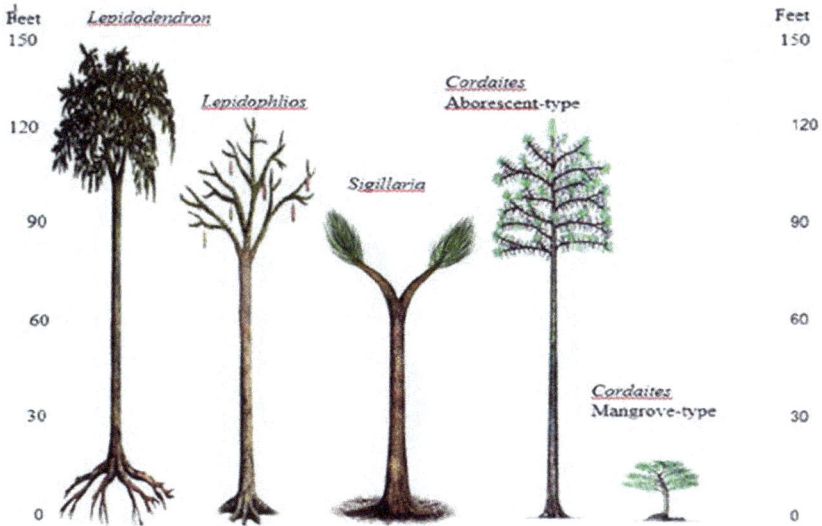

形 2: ペンシルバニア紀の炭田から採取された、さまざまな種類のヒカゲノカズラ類と初期の針葉樹が示されています。マングローブ型のコルダイテスを除き、樹木は推定成長高で描かれています。コルダイテスは「低木」サイズの植物として示されています。樹木の 高さは、化石として保存されている倒木に基づいています。立っている化石の切り株（「ケトルボトム」）と、直立した樹幹の大部分があり、カラミティやシダ の木も含まれています。示されている樹木は、この出 版物で紹介されている化石の出所をまとめたもので す。

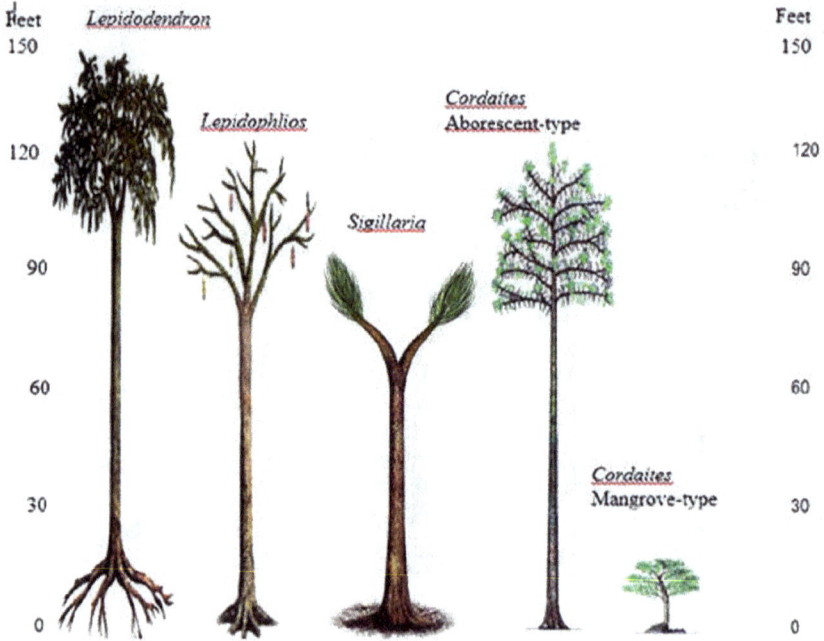

形 2: ペンシルバニア紀の炭田から採取された、さま
ざまな種類のヒカゲノカズラ類と初期の針 葉樹が示
されています。マングローブ型のコル ダイテスを除き、
樹木は推定成長高さで描かれ ています。コルダイテス
は「低木」サイズの植 物として示されています。樹木の
高さは、主に 化石として保存されている倒木に基づい
ていま す。立っている化石の切り株(「ケトルボト ム」)
と、直立した樹幹の大部分があり、カラ ミティやシダの
木も含まれています。示されて いる樹木は、この出版
物で紹介されている化石 の出所をまとめたものです。

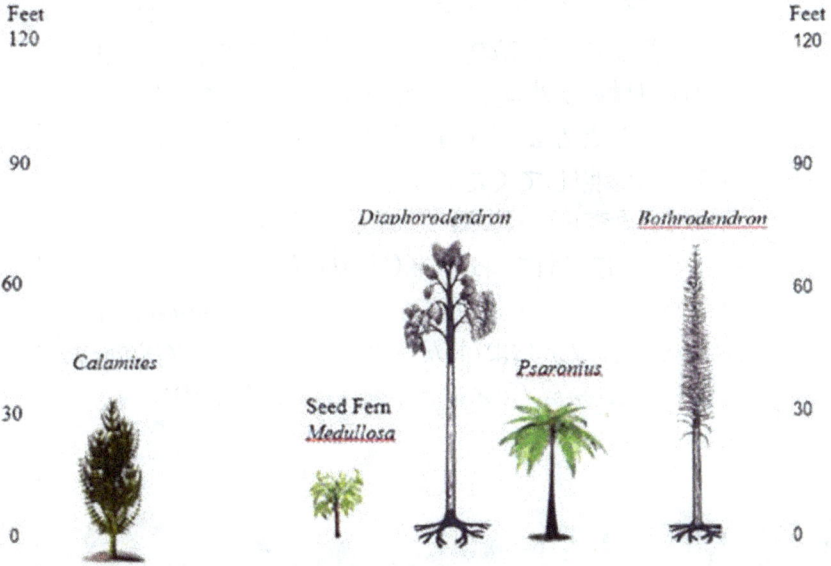

形 3: 掲載されている木々は推定成長高であり、こ の出版物に掲載されている化石の元となったも の です。ヒカゲノカズラ科の *Diaphorodendron* と *Bothrodendron* は、ウェブページ http:// www.uky. edu/KGS/fossils/ fossil-tree-stumps-types.php （ケンタッキー地質調査所）から取得されました。

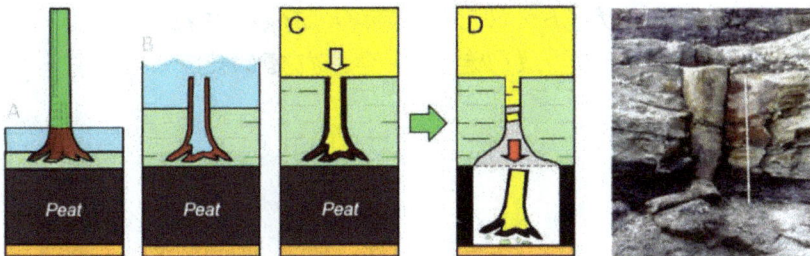

形 4: 「ケトルボトム」と立っている木の幹の発達の一 般的な順序は次のとおりです。(A) 生きている木。

*(B) 死、空洞化、そして急速な埋没。(C) 空洞化した木 を埋めて、内部の鋳型と型を形成する。(D) 化石の切り株の外側の鋳型や型は、鉱山の屋根から落ちることがあります。また、*McLoughlin, T.F., *2017 も参照してください。この図は、ケンタッキー地質調査所 (KGS) の* Steve Greb *氏の許可を得て 掲載されており、*KGS *の* Web *サイト ページ* http:// www.uky.edu/KGS/coal/coal-mining-geology-Kettlebottoms. php *および* http://www.uky.edu/KGS/fossils/fossil-tree-stumps-form.php *から引用したものです。*

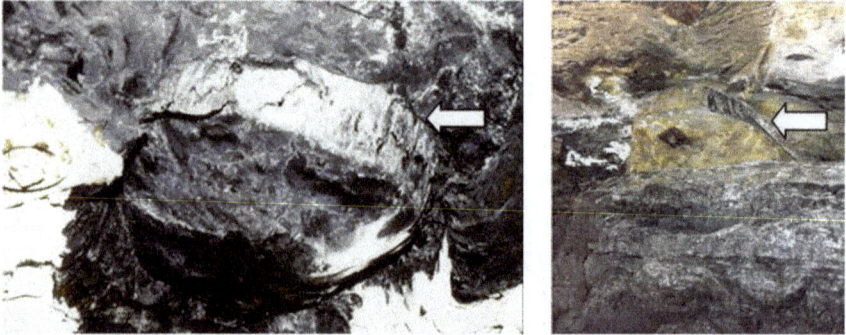

*形 5: 地下炭鉱の天井にあるケトルボトム (
矢印) の写 真。左側は頁岩 (図 4 の KGS
Web サイト ページを参照) に保存されてお
り、右側は砂岩に保存されています。*

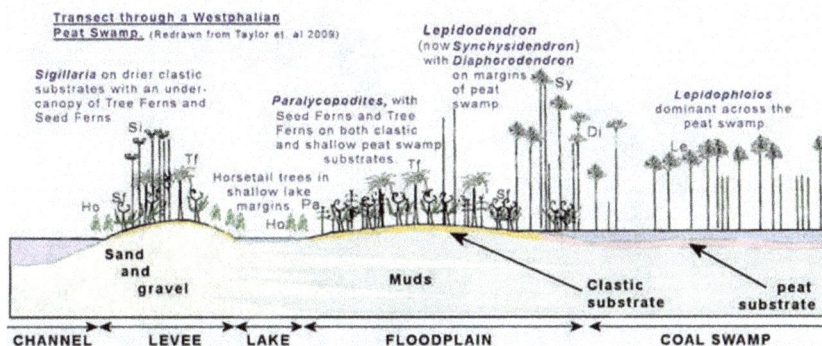

形 6: 典型的な石炭層泥炭湿地のスケッチ断面図。テイラー他、2009年、シェフィールドによる再描画。Area Geology Trust の The Palaeoecology of Aborescent Lycopods という記事は、インターネットの http://www.geologyatsheffield.co.uk/sagt/palaeoecology/ に掲載 されています。この図は、もともと DiMichele と Phillips (1994) から引用したものです。

プレートI

1.　樹枝状結晶（ウェストバージニア州地質経済調査局提供）。2.　ケンタッキー州レスリー郡のレピドフロイオ ス（「鱗の樹皮」）の幹。3 バージニア州ブキャナン郡グ ランディのレピドデンドロン（「鱗の木」） 4.　バージニ　ア州ワイズ郡パウンドのコンクリーション（「ケトルボ　トムトム」または亀の甲羅のように見える）5.　ウェスト　バージニア州ポカホンタスのポカホンタス博物館鉱山の　化石魚。6. ケンタッキー州モアヘッド近郊のケーブラン　湖地域のミミズの道（濃い灰色の線）。7,7a 風化した石 灰岩のコンクリーション（馬のひずめのように見え る）。

1

2

3

4

5

6

7

7a

プレートI

形 7: 石炭紀（ペンシルバニア紀）の泥炭形成の年代を示す一般的な地質年代スケール。植物化石が収集された石炭層の実際の年代順については、図 8 から 10 を参照してください。

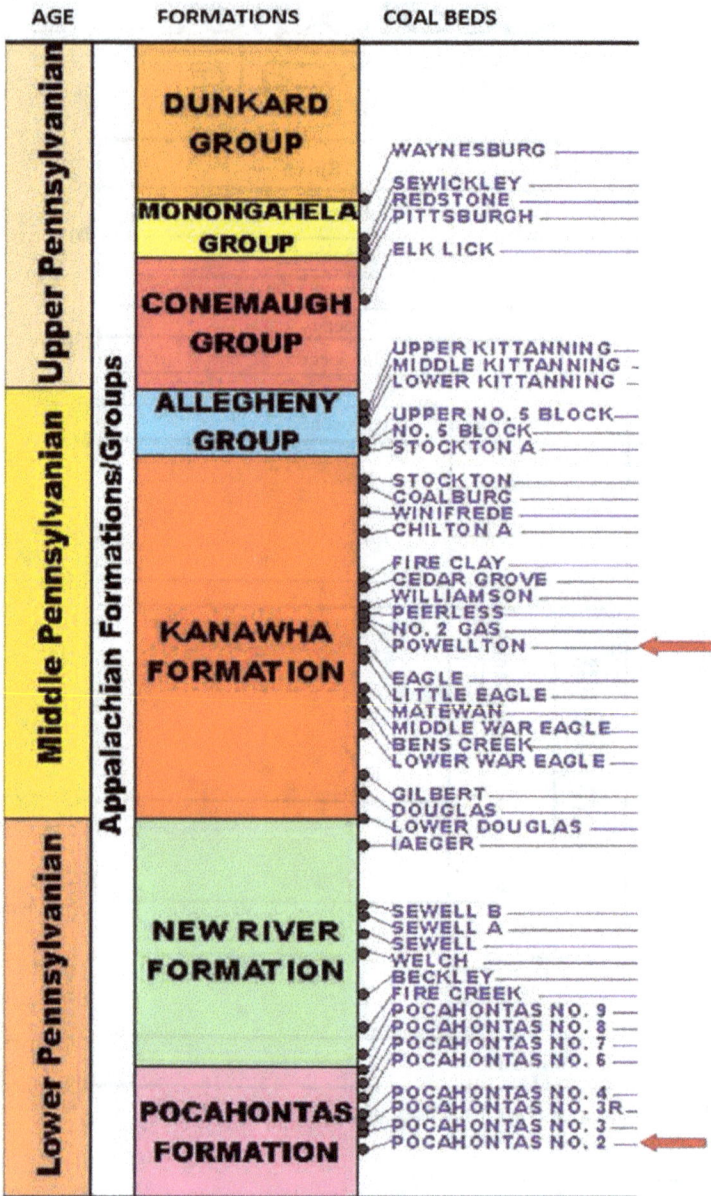

AGE	FORMATIONS	COAL BEDS

形 8: ウェストバージニア州の採掘可能な炭層
の 地質柱。赤い矢印は、この本のために化石が
収 集された炭層を指しています。ウェストバージ
ニア州地質経済調査局 (2001 年) から改変。

コンテンツ

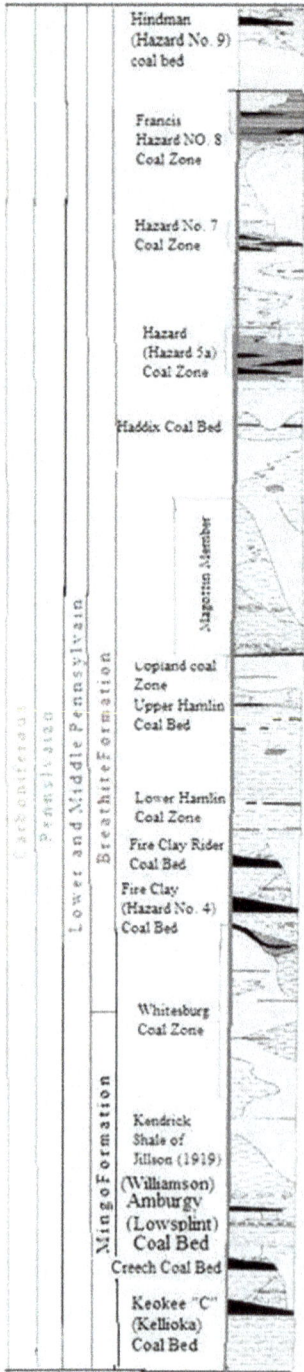

形 9: 東ケンタッキー炭田 の採掘可能な炭層の地質 柱。赤い矢印は、この本 のために化石が収集され た炭層を指しています。この情報は、ウィラード D. パフェットによる 1965 年のヴィッコ地質図、リ チャード Q. ルイ ス Sr. に よる 1978 年のハ イデン ウェスト地質図、お よび ロバート C. マクドウ ェル による 2001 年の地質 図か らまとめられました。

Carboniferous

Lower and Middle Pennsylvanian

Pennsylvanian

Breathitt Formation

Hindman (Hazard No. 9) coal bed

Francis Hazard NO. 8 Coal Zone

Hazard No. 7 Coal Zone

Hazard (Hazard 5a) Coal Zone

Haddix Coal Bed

Magoffin Member

Copland coal Zone

Upper Hamlin Coal Bed

Lower Hamlin Coal Zone

Fire Clay Rider Coal Bed

Fire Clay (Hazard No. 4) Coal Bed

Whitesburg Coal Zone

Mingo Formation

Kendrick Shale of Jillson (1919)

(Williamson) Amburgy (Lowsplint) Coal Bed

Creech Coal Bed

Keokee "C" (Kellioka) Coal Bed

			Geologic Formation	Coal bed/coal zone
Carboniferous	Pennsylvanian	Upper Pennsylvanian	Harlan	Unnamed (No. 14) No. 13
			Wise	High Splint Morris Pardee (Parsons) ← Wax Gin Creek (No. 8) Phillips (Wallins) ← Jack Rock Little Red House Low Splint (Creech) 34-Inch (Cedar Grove) Owl Taggart (Darby) ← Taggart Marker (Kellioka) ← Wilson (Alma, Harlan, Upper Standiford) Upper St. Charles (Redwine, Standiford) Pinhook Kelly (Upper Bolling) Imboden (Campbell Creek, Lower Bolling, Pond Creek) ← ← Clintwood ← Blair Lyons (Eagle) Dorchester ←
			Norton / upper Norton	Norton Hagy (Edwards) Splash Dam ← Upper Banner Middle Banner **Lower Banner** ← Kennedy
		Lower Pennsylvanian	Lee / lower Norton	Aily Raven (Red Ash) Jawbone Tiller Greasy Creek Lower Seaboard Bandy Upper Horsepen
			Pocahontas	Pocahontas No. 5 Pocahontas No. 3 ← Pocahontas No. 2 Pocahontas No. 1 Pocahontas (stratigraphic position uncertain) Other

形 10: 南西バージニア炭田の採掘可能な炭層 の地質柱。赤い矢印は、この本のために化石 が収集された炭層を指しています。この図 は、バージニア州地質鉱物資源局 (2015年) の調査に基づいて修正されています。

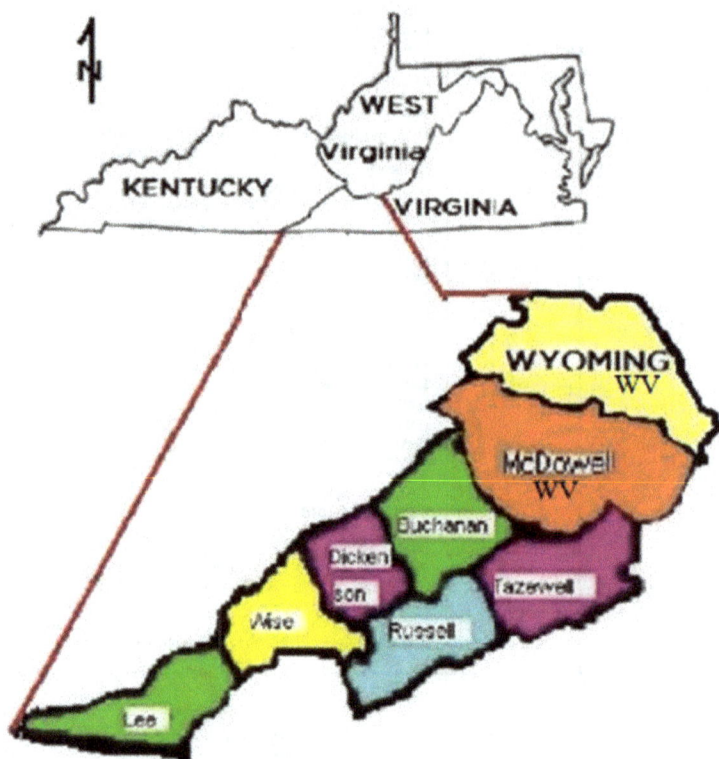

形 11: バージニア州南西部、ケンタッキー州 南
東部、ウェストバージニア州南西部から化 石
植物が収集された研究地域の索引地図。

第1章

廃絶したヒカゲノカズラ類
（ヒカゲノカズラ類、ウロコ類）

レピドデンドロン

レピドデンドロン—この植物は、独特の涙滴型また　はダイヤ
モンド型の花から「鱗状の木」と呼ばれることも あります樹 皮
の形状パターン。爬虫類やヘビの皮膚の鱗　と間違われること
がよくあります。鱗のような特徴のそれ　ぞれに、目のように見
える小さなくぼみがアクセントに　なっています。これらの植物
は石炭紀によく見られました（図 12 を参照）。

形 12. レピドデンドロンの絵は *Jon Hughes/www.jfhdigital. com.*

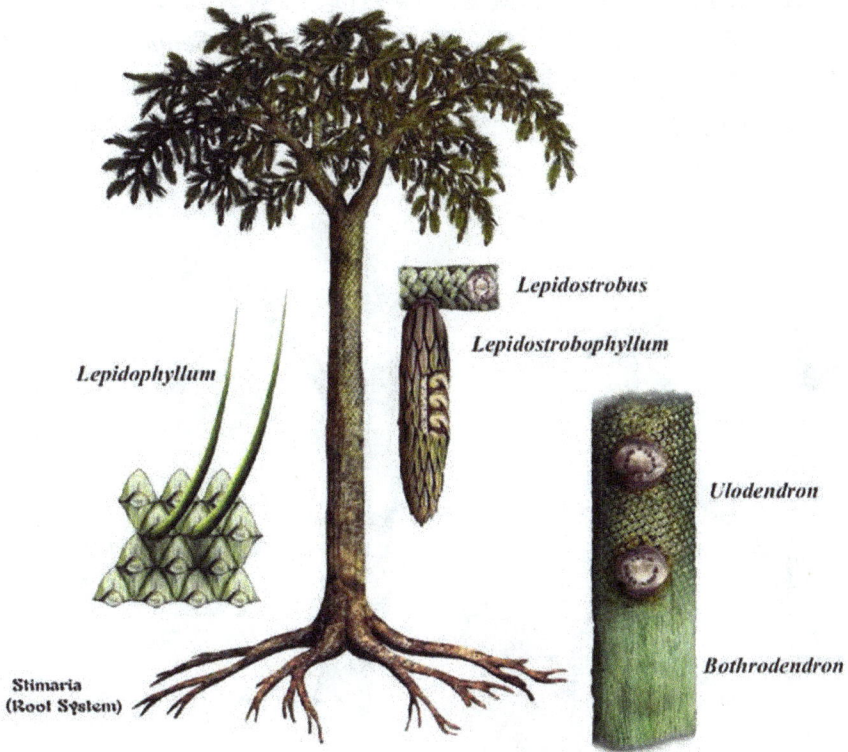

形 13: レピドデンドロン属の植物要素。ウロデンドロンおよびボスロデンドロンも示されています。*Jon Hughes/www.jfhdigital.com* （ツリー） および *Langford, G., 1958*、図 100、64 ページ のグラフィックから編集。イリノイ州 *Esconi Associates* の許可を得て作成。

　　レピドデンドロン（**Lepidodendron**）の解剖学（つまり組織細胞の顕微鏡検査）が理解される前は、植物の茎の属名　は、同じ植物がさまざまな段階の脱皮、つまり腐敗状態で保存された結果生じたさまざまな外観に基づいていました。Knorriaと **Aspidiaria** を含む木質層の属名は、説明目的のみで保持されています。これらの形の茎鋳型については、**Seward　(1898)** によってさらに詳しく説明されていま　す。木質層は図 14 に示されています。

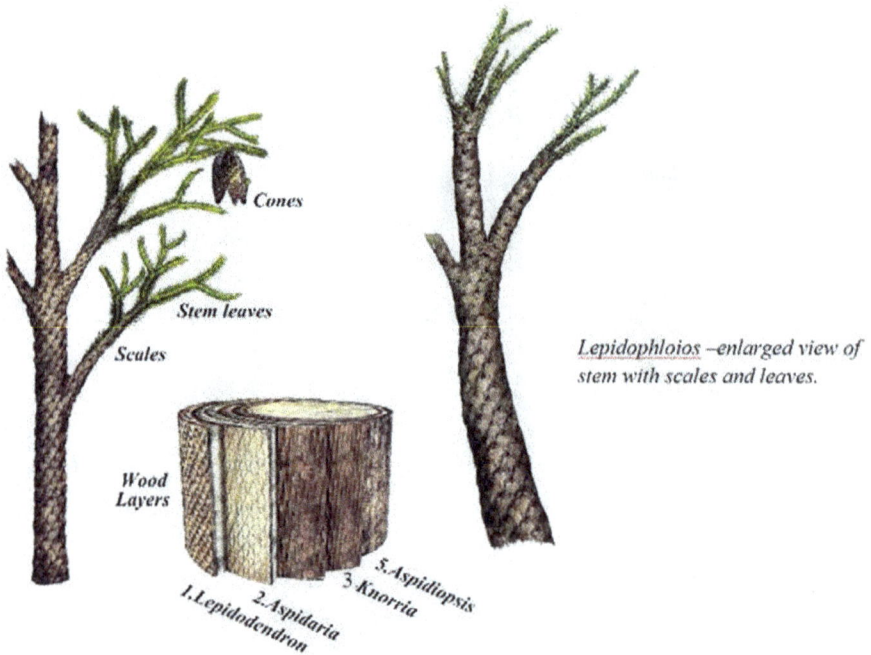

Cones

Stem leaves

Scales

Wood
Layers

1.Lepidodendron

2.Aspidiaria

3.Knorria

5.Aspidiopsis

Lepidophloios –enlarged view of stem with scales and leaves.

*形 14: 化石としてよく見られるレピドデンドロンとレ ピドフロイオスの木の木材層と部分を示すレピドデン ドロンを復元したもの。絵は**Dinoera.com**の後に修正さ れ、色付けされています **Jon Hughes/www.jfhdigital.com.***

形 15: 化石は、バージニア州ワイズ郡アパラチア、国道 68 号線と 160 号線西（N インマン ストリート）の交差点から西に 6 マイルのパー ディー炭層層から採集されました。露出した 樹皮層にラベルが貼られています。

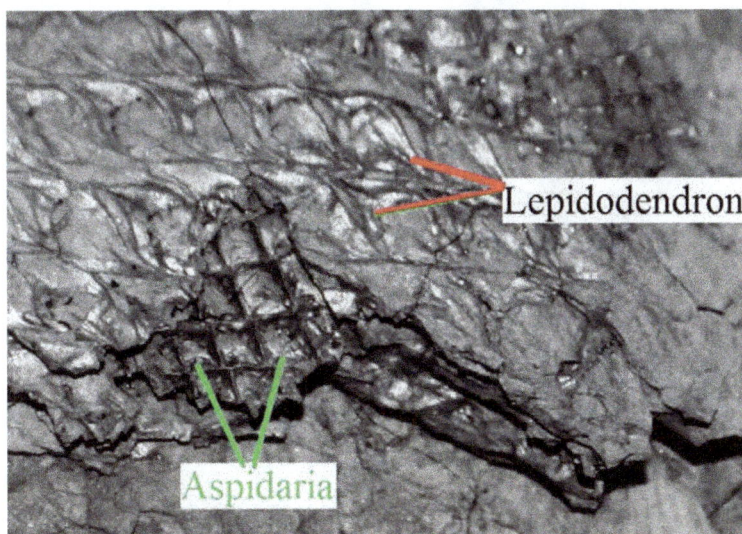

形 16: レピドデンドロン属の種は、表面の葉のクッションのパターンと形態に基づいて分類されます(樹皮)。バージニア州ワイズ郡、州道 78 号線沿いのストーンガ ウェストから 1 マイル北で発見された葉の クッションの一例として、上に示した Lepidodendron と マークされた化石を参照してください

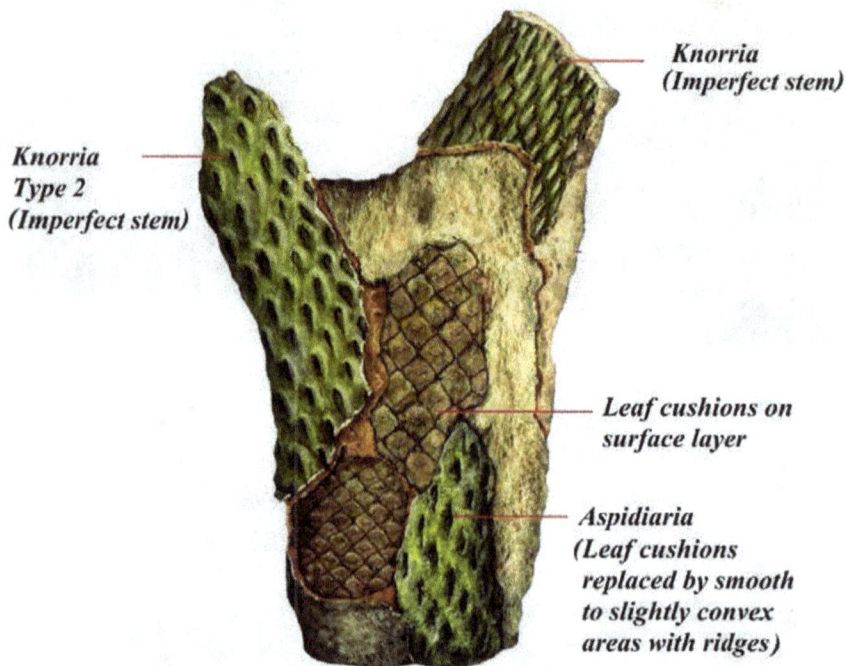

形 17: レピドデンドロンの腐敗（皮剥ぎ）の
さまざまな段階を示す別の図。Seward、1889
、第 11巻、図156、125ページから改変。色付
けは Jon Hughes/ www.jfhdigital.com.

図版 I レピドデンドロン —1、1a. レピドデンドロン属 - シリンゴデンドロン ノリア期のレピドデンドロン。3. レピドフ ロイオス。バージニア州ワイズ郡アパラチア、国道 68 号線と 160 号線西（N インマン ストリート）の交差点から西に 6 マイルのパーディー炭層上部の地層から採集。

図版 II レピドデンドロン — 1、2. レピドデンドロン胞子体（小枝）3. レピドストロボ門 4. 木質層を示すレピドデンド ロン、ノリアおよびアスピディオプシス。バージニア州ワ イズ郡、アパラチア、国道 68 号線と 160 号線西（N インマン ストリート）の交差点から西に 6 マイルのパーディー炭 層上部の地層から採集。

図版 III レピドデンドロン - 1、1a、1b レピドデンドロン オ ボバタム。2 および 2a は画像 1 の標本の裏側（葉痕のある最初の木材層）。炭鉱夫のダニエル B. エドワーズが、バージ ニア州ワイズ郡ストーンガの 1 マイル北、州道 600 号線沿 いにあるインボデン炭層で開発された炭鉱から採集しまし た。

図版 IV レピドデンドロン —1、1a レピドデンドロン turbina-tum、2 画像 1 の裏面。3. レピドデンドロン ワーセ ニ。炭鉱夫のブランドン ブロックが、バージニア州ワイズ郡 ストーンガの北 2.5 マイル、州道 600 号線沿いにあるタガート炭層で開発された炭鉱から採集しました。

図版 V レピドデンドロン —1. レピドデンドロン ノリア。炭鉱夫のブランドン ブロックが、バージニア州ワイズ郡ストーンガの北 2.5 マイル、州道 600 号線沿いにあるタガート炭層で開発された炭鉱から採集しました。

図版 VI レピドデンドロン —1. レピドストロブス（生殖球 果）。バージニア州ディケンソン郡ジョージズフォーク付近 の国道 624 号線と 83 号線の交差点から 2 マイル北のドー チェスター炭層上で採集。2. レピドデンドロン リゲンス。バージニア州ワイズ郡オオサカのインボデン炭層から採集。

図版VII レピドデンドロン - 1. バージニア州ワイズ郡、アパ ラチアのルート 68 と 160 西（Nインマンストリート)の交差点から西に 6 マイルのパーディー炭層層から採集された レピドフィロイデス?（葉の付いた枝)。2. 葉の付いたレピ ドデ ンドロンマナバチェンセ。ケンタッキー州レスリー郡、ド ライヒルの南東 3.3 マイルのローワーマッキントッシュロード（KY-3425）からエースブランチノースで採集され た 標本。ハザード #8（フランシス)/#9（ヒドマン）炭層層 から採 集。

図版 I レピドデンドロン枝 - 1. 頁岩の中のレピドデンドロ ン枝。ローワー ボリング（＝インボーデン炭層）の露天掘り鉱山で採集。場所はバージニア州ワイズ郡パウンドの南、州道 364 号線（ビーン ギャップ ロード）と州道 673 号線（ハ バード ホロウ ロード）の交差点から 2.8 マイル。

1

1a

2

3

プレート I 鱗翅目

1

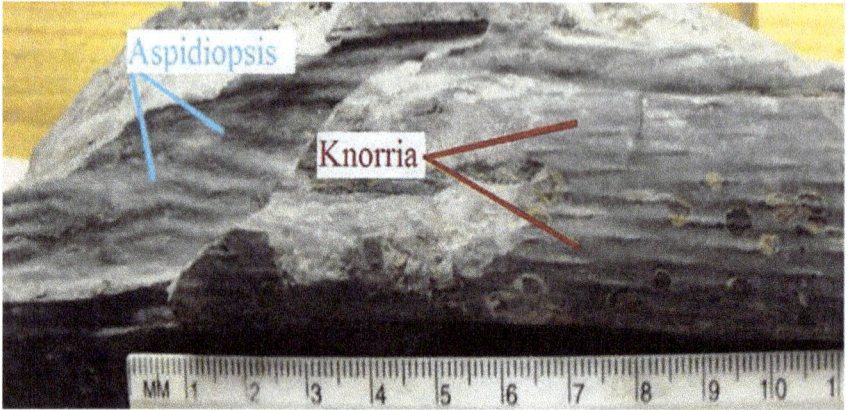

2

4

3

プレート *II* レピドデンドロン

1

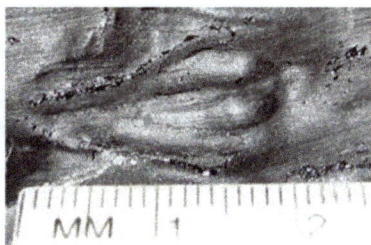

1a

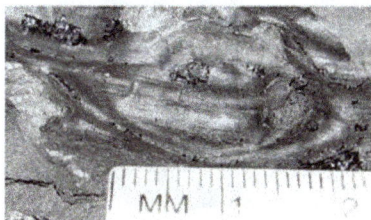

1b

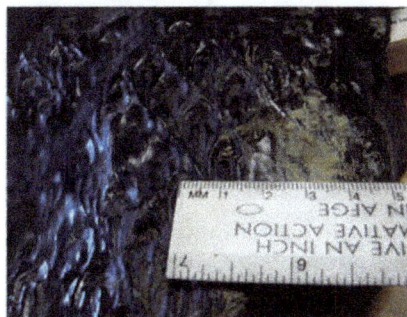

2   2a

プレート III レピドデンドロン

1

1a

2

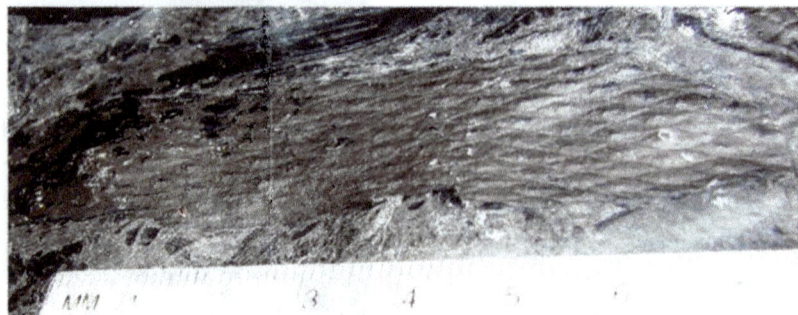

3

プレート IV レピドデンロン

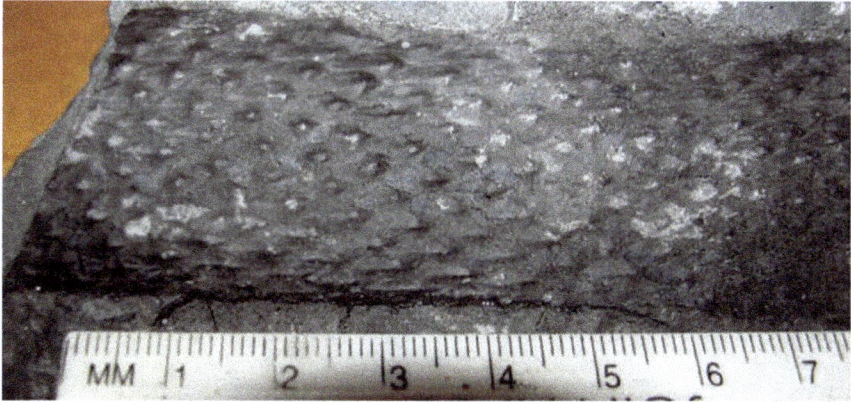

プレート V レピドデンドロン

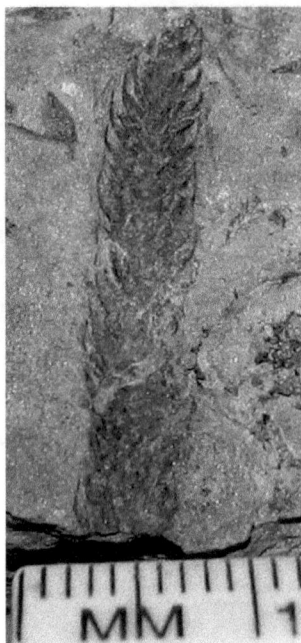

1

2

プレート VI レピドデンドロン

1　　　　　　　　　　　　　　　　　　2

プレート VII レピドデンドロン

プレート I ― ベルゲリア *

1. バーゲリア（葉の先端近くに隠れた葉痕がある）クッション状の葉の付いた小枝。炭鉱労働者のブランドン・ブロックが、バージニア州ワイズ郡ストー　ンガの北 2.5 マイル、州道 600 号線沿いにあるタガート炭層で開発された炭鉱から収集しました。

*ワーグナー、ロバート、カルメン・アルバレス・バスケス、(2014)

Plate I Bergeria

ボスロデンドロン

PLATE I図版 I—ボスロデンドロン—*Bothrodendron*

1　パーディー炭層から採取されたボスロデンドロン属バージニア州ワイズ郡、アパラチアの国道 68 号 線と 160 号線西（N インマン ストリート）の交差 点から西に 6 マイルの地点にある地層。2. ケン タッキー州レスリー郡、ハイデンの西約 4 マイ ル、国道 421 号線から 2.8 マイル離れたハザード #9炭層地層から採取された*Bothrodendron punctatum*。

1

2

プレート I ボスロデンドロン

図版 I—ヒカゲノカズラの葉

1,1a　ケンタッキー州ペリー郡ヴィッコの東0.3マイルで収集　ノット郡とペリー郡の境界付近の I-15 沿い、道路の切り通しにあるアッパーホワイトバーグ炭 層の上にある。2,3ケンタッキー州パイク郡バージー。4. 「アスパラガス シダ」。

1   1a

2   3   4

プレート1 ヒカゲノカズラの葉

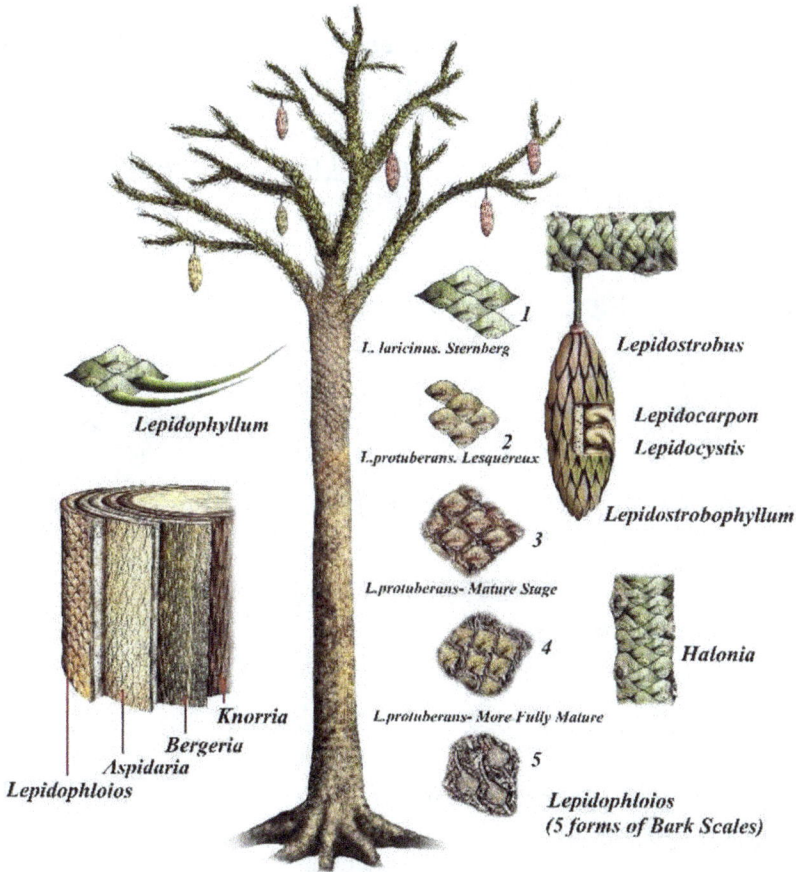

形 18: **Lepidophloios** とその部分。属名は「鱗片樹皮」を意味します。**Lepidodendron** に似ています。圧縮保存におけるこれら 2 つの属の主な違いは、**Lepidophloios** の葉のクッションが 1) 高さよりも幅が広く、2) 重なり合うことです。つまり、突き出て屋根板のように重なり合っています。解剖学的には非常に異なり、明確に区別できます（**B. DiMichele** の個人的コミュニケーション）。イリノイ州 **Esconi Associates** の許可を得て、**Longford, G., 1958**、図 130、77 ページを修正しました。色付けは、**Jon Hughes/ www.jfhdigital.com.**

図版I — レピドフロイオス

1, 1a ***Lepidophloios protuberans*** の小さな茎。属名に注意 名前の***Lepidophloios***は「鱗状の樹皮」を意味しま　す (Langford, G., 1958)。ウェストバージニア州　マー サー郡フラットトップの南2.8マイルにある　州道77 号線ポカホンタス第2炭層から採集されま した。

図版I — レピドフロイオス ホロニア

1, 1a, 1b ホロニア・トルトゥオーサ。キースが収集し た標 本 ケンタッキー州ハイデンのローソン。ケンタッ キー 州レスリー郡ドライヒルの南東 3.3 マイル、ロー ワー マッキントッシュ ロード (KY-3425) のエース ブラン チ ノースにあるハザード #8 (フランシス)/#9 (ハイ ドマン) 炭層を採掘している露天掘り鉱山で発見 さ れました。

図版I — レピドストロブス

1. ***Lepidostrobus ovatifolius.***ケンタッキー州レスリー 郡 ドライヒルの南東 3.3 マイル、ローワー マッキ ント ッシュ ロード (KY- 3425) のエース ブランチ ノース で、ハザード #8 (フランシス)/#9 (ヒドマ ン) 炭層層 から採集された標本。
2. ケンタッキー州パイク郡シデニーの南東約　5　マイ ル、米国ルート 119 沿いのウィリアムソン炭層層 か ら採取されたレピドストロボフィラム。

1

1a

プレート I レピドフロイオス

1

1a

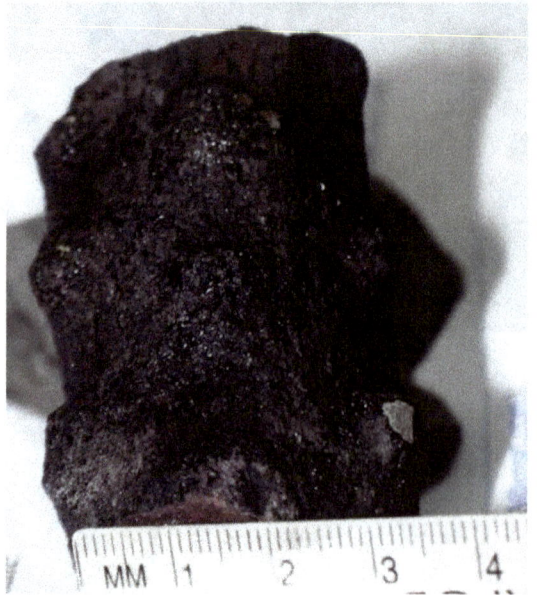

1b

プレート I レピドフロイオス ハロニア

1

2

プレート I レピドストロブス

図版 I—レピドデンドリス

1. レピドデンドリスの幹 1a の表層下層。細長い破線
    は葉の跡で、実線は樹皮のある種の肋骨または厚い
    壁 の組織を表していると思われます。(標本の説明
    はアリ ゾナ州立大学植物生物学部の Web サイトか
    ら引用)。炭鉱労働者のブランドン ブロックが、バー
    ジニア州ワ イズ郡ストーンガの北 2.5 マイル、州道
    600 号線沿い にあるタガート炭層で開発された炭
    鉱から採集しま した。

1

1a

ウロデンドロン

形 19: **Dinoera.com** の許可を得て、ベルゲリアの木のケッチ（元々は **Ulodendron** と表示されていました）を **Langford, G.,** 1876 から改変。変更は **William (Bill) DiMichele** との個人的なやり取りに基づいています。色付けは **Jon Hughes/ www.jfhdigital. com.**

　ウロデンドロンは、かつてはレピドデンドロンの一部であると考えられていた化石樹木（ヒカゲノカズラ）の幹の属名です（B.A.トーマス、1968年）。ある時、地下炭鉱を検査していたとき、少なくとも20フィートの長さのウロデンドロンが数本並んで横たわっているのを見ました。鉱山の場所が悪く、天井が低すぎたため、写真を撮ることができませんでした。

天井の岩はあまりに固くてサンプルが取れなかった。***Lang-ford(1876)***は、この植物は2列の垂直な枝の傷跡があり、一方の列はもう一方の列と反対側にあると説明している（上の図 19）。下に示す標本は、最初は Ulodendron 属であると考えられていた。しかし、スミソニアン国立自然史博物館の古 生物学部の ***William A. DiMichele*** 博士は、個人的な連絡により、大きな枝の傷跡のある「Ulodendron」は姉妹属の ***Diaphorodendron*** または ***Synchysidendron***に当てはまると考えている。***Diaphorodendraceae*** 科の一部として、これらは 枝だけでなく葉も離脱する大木であった（つまり、植物の一部が自然に分離すること、通常は枯葉や熟した生殖 鞘）。

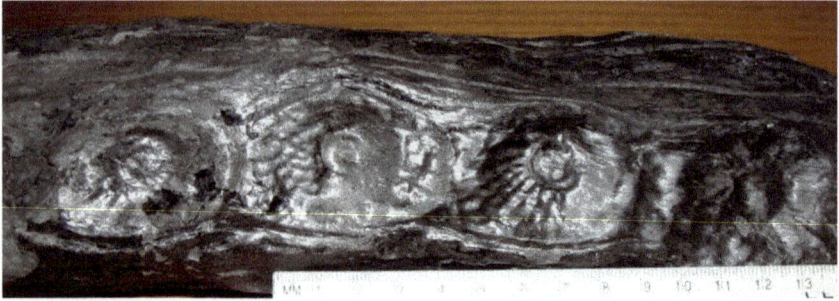

*形 20: **Diaphorodendraceae**。*この標本は炭鉱労働 者のブランドン ブロック氏によって、バージ ニア州ワイズ郡ストーンガの北 2.5 マイル、州 道 600 号線沿いにあるタガート炭層で開発され た鉱山から収集されました。

第2章

衰退性ヒカゲノカズラ 類（クラブモス）

シギラリア

もう一つのコケ植物であるシギラリア（図 21）は、その近縁種のレピドデンドロンとともに、ヨーロッパと北アメリカで最も一般的で広く分布する植物群のひとつでした。どちらのコケ植物も、ヒカゲノカズラ綱（*Lycopsida*）に属します。これらの木は、石炭紀からペンシルベニア紀中期から後期にかけて優占していました。中生代を通じて徐々に小型化した形態が存在し、このグループの最後の生き残りは現代のクイルワート（Isoetes）であると考えられています。シギラリアとレピドデンドロンは、葉のクッションと傷跡のパターンと形態によって区別されました。シギラリアの葉跡と葉のクッションは楕円形から六角形で、レピドデンドロン特有の細長い「ダイヤモンド」の形をしていませんでした。多くのシギラリア属の種では、葉のクッションが垂直の列に並んでいますが、レピドデンドロンでは傷跡が茎に沿って螺旋状に散在しています。ただし、別の

グループでは、葉のクッションが螺旋状に並んでいます（これは、シギラリア属の葉は長く草のような形をしており、落葉するとほぼ六角形の傷跡が残り、葉のクッションの大部分を占めることもある。多くの種の傷跡は垂直の列に並んでいる（図18を参照）。傷跡の形とパターンに基づいて種が識別される。葉のクッションが垂直に向いているため、一部の種では樹皮の跡が幅広い線状の隆起で識別されるが、この隆起はカラミテス属のものよりはるかに幅が広く、分節はない（図22を参照）。隆起のデザインは、単純なものから装飾的なものまで様々で、小さな円形の窪みがブルズアイに似ている。葉と根はレピドデンドロンと非常に似ているが、葉のクッションの形は異なる。図23は、シギラリア属の鋳造化石の切り株を示している。このくぼみは、この属に特徴的な垂直の列に並んだ通常のパリクノス痕跡です。

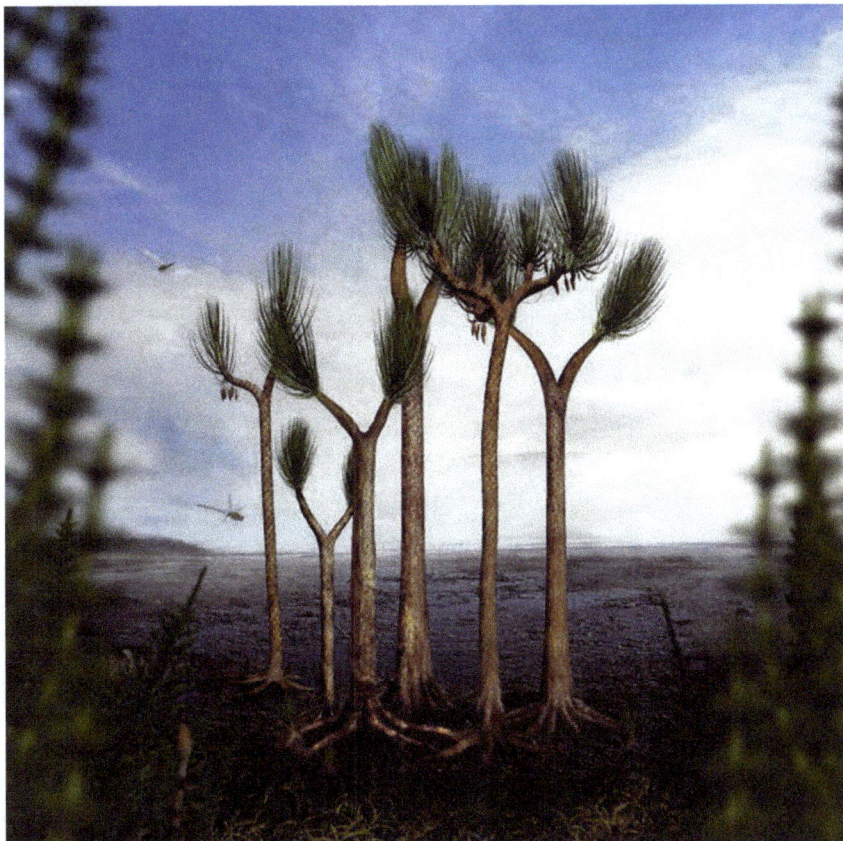

形 21: シギラリアの絵は
Jon Hughes/www.jfhdigital.com

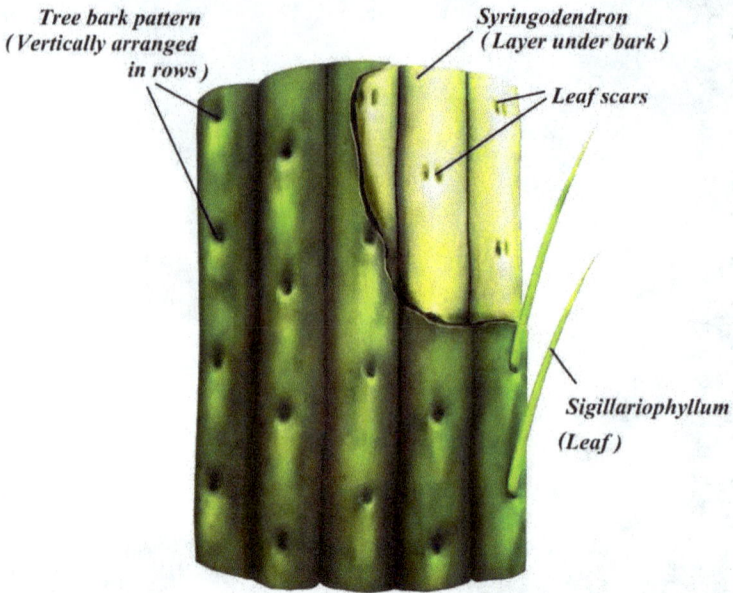

Tree bark pattern
(Vertically arranged
in rows)

Syringodendron
(Layer under bark)

Leaf scars

Sigillariophyllum
(Leaf)

形 22: シギラリアの主な特徴を示す図
は、*Langford, G., 1958*、図206、113ページから引
用。色付けは *Jon Hughes/www. jfhdigital.com*

形 23: シギラリアの部分鋳造化石の切り株。こ
のくぼみは、この属に見られる通常のパリク
ノス傷跡で、垂直の列に並んでいます。

図版I—シギラリア

1. シギラリア属の樹幹の断面 バージニア州リー・ワイ
    ズ郡、キーオケとアパラ　チアの間にあるタガート標
    識。2. バージニア州ワ イズ郡インマンの北西 5.8 マ
    イル、州道 160 号線 沿いで採集された *Sigillaria cf
    ichthyolepis*。

1

2

プレート I シギラリア

第3章

カラミテス
（ホーステールラッシュ）

カラミテス（図24）は、現代のスギナ科植物 （スギナ）の絶滅した祖先である。外見の比較 カラミ テスとスギナの違いは、McLoughlin, 2017 に示されて いる。カラミテスの基本的な構造を図 25 に示す。現生 の同族とは異なり、カラミテスは小木ほどの大きさ に成長した。主茎または幹は竹のような外観をしてお り、植物の長軸と平行に細かい間隔の溝が入った間隔 で分節（節）されているのが特徴である。保存された茎鋳型の節線で出会う部分の肋骨パターンは、カラミテスの属と亜属をグループ化するために使用される （図 26 を参照）。節に沿って、主茎から小さな枝が分 岐した場所に放射状の傷跡が見られる。肋骨が交互に並ぶ標本は真のカラミテスであり、節を通過する肋骨の一部が他の肋骨と交互に並ぶものは、亜属 *Mesocalamites* に分類される（McLoughlin,T.F., 2017 を参照）。カラミテスの幹の特徴やパターンは図28に 示されています。図27はカラミテスの幹の一部を再現 したもので、内部構造（樹皮の特徴）の詳細を示して います。根の一般的な図アステロフィライトの葉は、図 27 に示されています。花 びらに似た葉は、茎の周りに等間隔で円形（または輪生）に分布しており、

風車に似ています。線形、披針形、また はへら状の葉を持つ標本は、アニュラリアと呼ばれます。基部は茎の周りに襟を形成しますが、一部の化石には存在　しない可能性があります。節あたり 5〜32 枚の葉が輪生し ています。アステロフィライトの葉は、アニュラリアのも　のよりも長くて狭いです。これらの葉は基部で結合してお らず、節あたり 4〜40 枚の葉が輪生しています。茎から上 向きに急峻にアーチ状になっています。

形 24: カラミテスの森のオリジナル復元図
（提供 *Jon hughes/www.jfhdigital.com.*

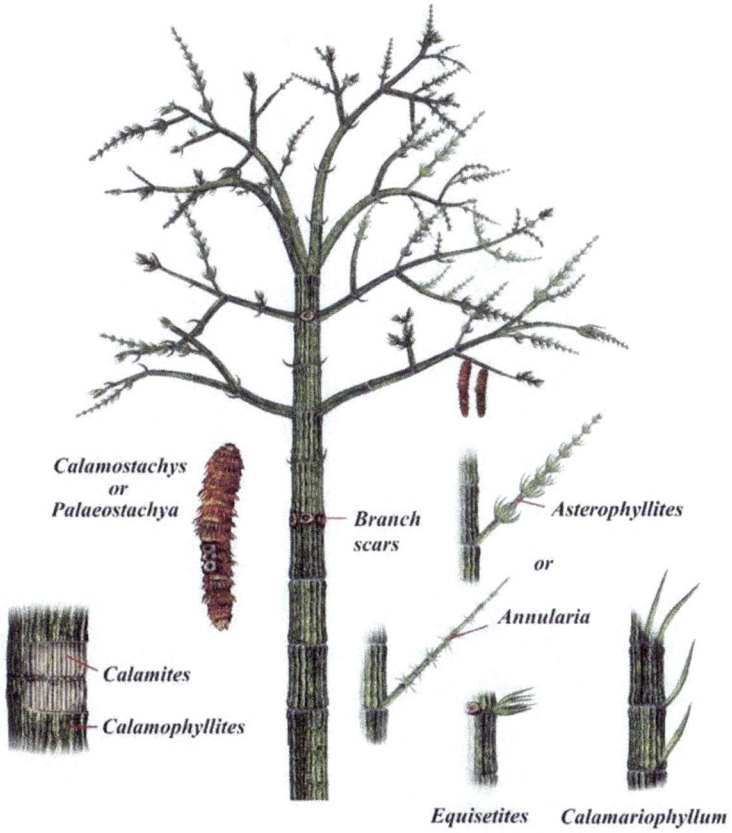

形 25: カラミテスとその部分は、イリノイ州エ ス
コーニ・アソシエイツの許可を得て、ラン グフ
ォード、G.、1958、図18、29ページから 改変。カ
ラー化は *Jon Hughes/www.jfhdigital.com*

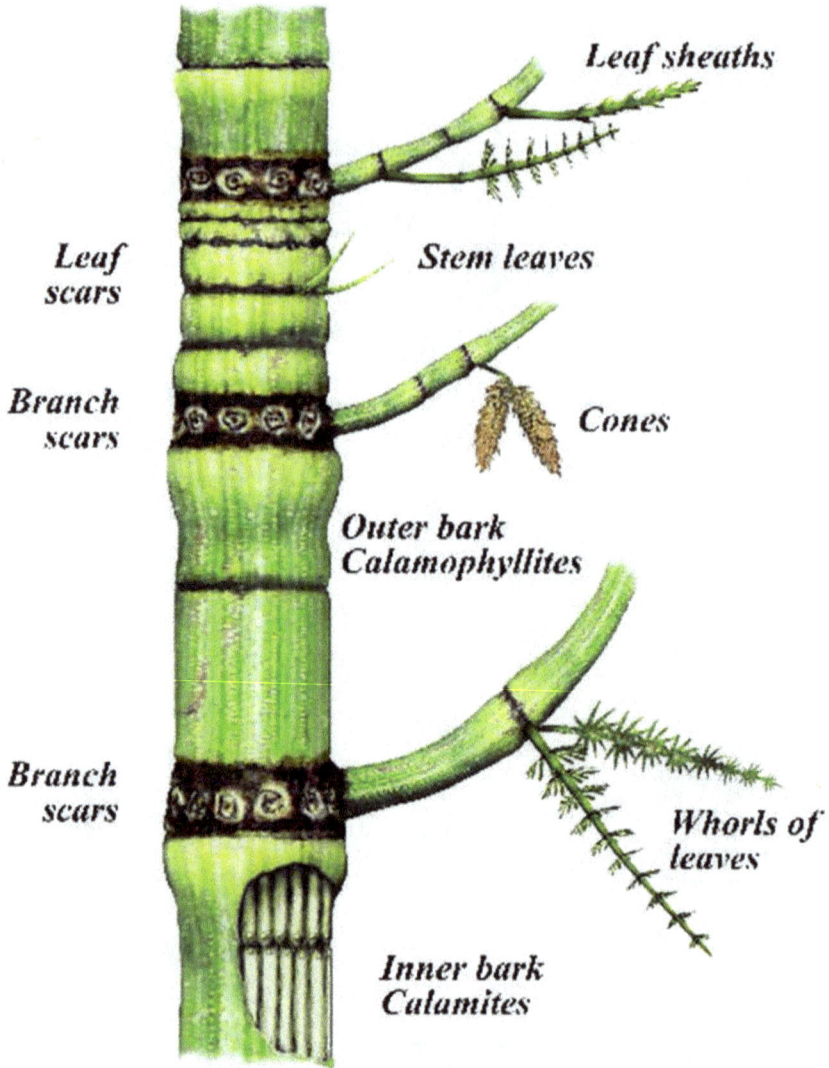

Leaf sheaths

Leaf scars

Stem leaves

Branch scars

Cones

Outer bark
Calamophyllites

Branch scars

Whorls of leaves

Inner bark
Calamites

形 26: 化石として発見されたさまざまな要素を 示すカラミテスの幹の断面の図（*Langford, G., 1876*）。色付けは ***Jon Hughes/www.jfhdigital.com.***

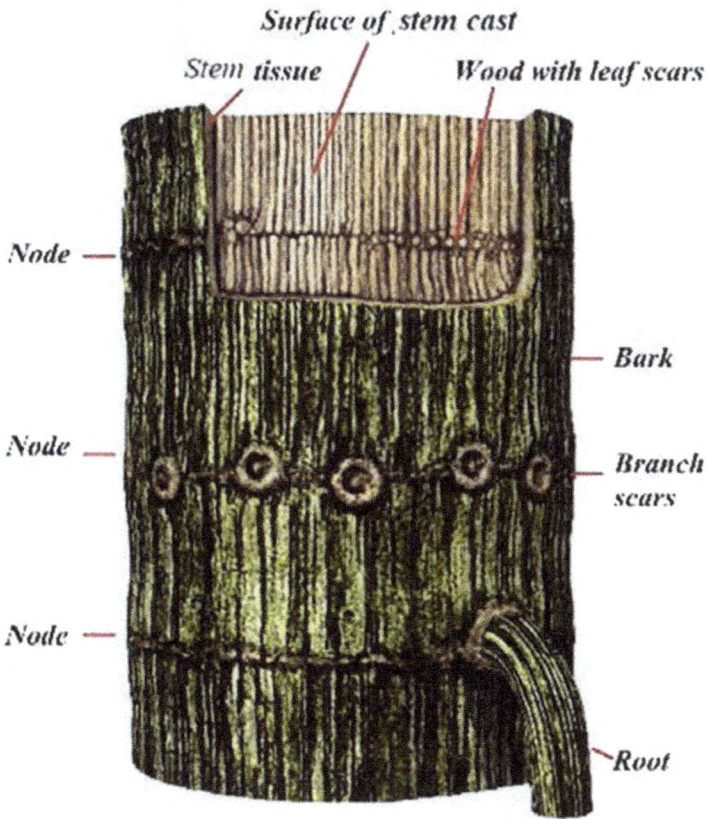

形 27: カラミテスの幹の一部を復元した芸術家に よる
もので、内部構造の詳細（内樹皮の特徴） を示してい ま
す。Seward, A.C. 1898、第 1 巻、図 77、316 ページか
ら改変。カラー化 提供 *Jon Hughes/www.jfhdigital.com.*

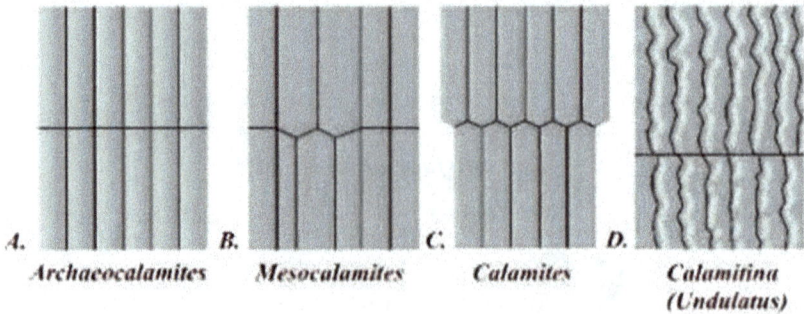

形 28: カラミテスの茎の特徴AからDは、一 般的な属を識別するために使用されま す。*Gillespie et al., 1978* から改変。色分けは *Jon Hughes/www.jfhdigital.com.*

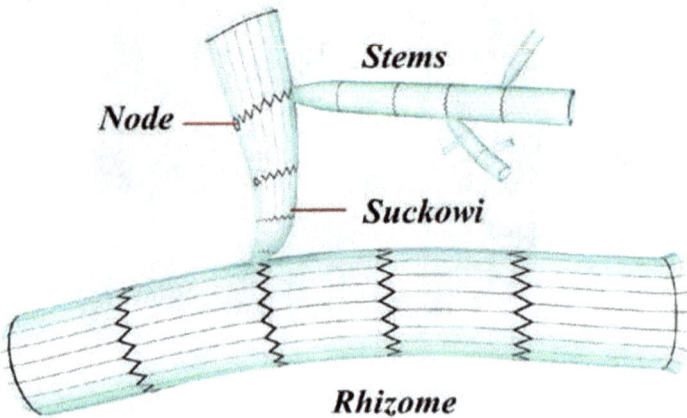

形 29: カラミテスの根系と付属部分の 復 元。*Hans Star* 氏の許可を得て改 変。*2017* 年, *www.fossieleplanten.*

図版 I カラミテス - 1 カラミテス・サッコウィ（茎の基 部）。1b 植物の幹への付着点が先細りになっていることを示 す ために再構成されています。2.カラミテス・カリナトゥ ス？（髄鋳造）。3. カラミテス属、3a. カラミテス、カラモフィ ライトの保存された外樹皮 3b カラミテスの炭化した外樹皮 層。炭鉱夫のブランドン・ブロックが、バージニア州ワイズ 郡ストーンガの北 2.5 マイル、州道 600 号線沿いにある タ ガート炭層で開発された鉱山から収集しました。4. バ ージニ ア州ワイズ郡ストーンガから 1.6 マイル北西、ルー ト 78 か ら 1.6 マイル、1 マイルのところにあるタガート・ マーカー 炭層から収集された黄鉄鉱に保存されたカラミ テス属。5 カ ラミテスの茎の断面。横隔膜と芯から放射状 に広がる維管束 を示しています。維管束の株は、植物の 表面に肋骨として現 れます。標本は、バージニア州ブキャ ナン郡キーン山付近の 地表から約 1,500 フィート下の竪 坑のポカホンタス No. 3 炭 層から採取されました。

図版 II カラミテス ― 1,1a カラミテスの波状模様は、バージニ ア州ワイズ郡、ストーンガの北 1.3 マイルにあ るインボー デン炭層。バージニア州ブキャナン郡、ソー ミル ロードの 州道 680 号線沿い、ピルグロムズ ノブの 南 1.5 マイル にあるケネディ炭層の上から採取された 2つのカラミティ ナ。

図版 III カラミテス - 1. ケンタッキー州ハーラン郡ホームズミ ル近くのケリオカ炭層に開発された炭鉱の屋根から採 取されたカラミテス サッコウィ。2,2a 長軸を見下ろした 節のカラミテスの断面。葉痕が見られる。バージニア州 デ ィケンソン郡ジョージズフォークの国道 623 号線と 624 号線の交差点から 0.3 マイル北にあるノートン炭層上か ら 採取された標本。バージニア州ワイズ郡ストーンガか

ら 1 マイル、国道 78 号線から北西に 1.6 マイルのところ にあ るタガート マーカー炭層から採取された枝痕のあ るカラ ミテス ラミファー スター、1875。4. 鉄道沿いの「名 前の ない」炭層から採取されたカラミテス シュッツァイ フォルミス。バージニア州ワイズ郡アパラチアの国道 58 号線沿い の西行き車線に平行な通行権。

図版 IV 災厄 — 1 災厄と災厄の群れ

2. 葉のある *Calamites suckowi*。両標本は、ケンタッ キー 州レスリー郡ドライヒルの南東 3.3 マイル、ロー ワー マッ キントッシュ ロード (KY-3425) のエース ブ ランチ ノー スで、ハザード #8(フランシス)/#9 (ヒドマ ン) 炭層層か ら採集されました。3、3a *Calamites* は *Calamites goepper- tii* とともに波打っています。バージ ニア州ディケンソン郡 ヘイジーの東 2.5 マイル、ルート 83 (ディケンソン ハイウ ェイ) 沿いのスプラッシュ ダム炭層のすぐ上から採集さ れました。ルート 83 と 680 のジャンクションから 0.4 マイ ルの地点です。

1

1a

2

3

3a

3b

5

4

プレート I 災害

1

1a

2

プレート II 災害

1

2

2a

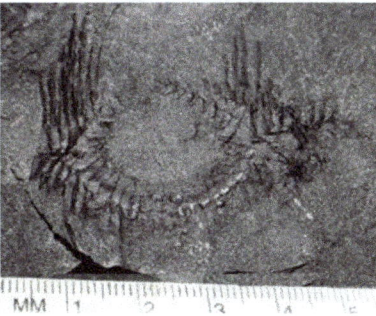

3

4

プレート III 災害

1

3

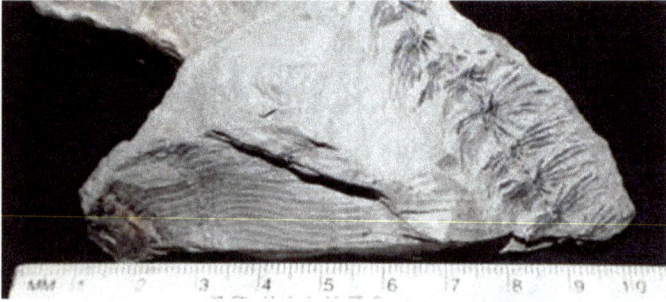

2

3a

Plate IV Calamites

図版 I カラミテスの葉 1. アニュラリア・ラジアータ 2. ア ニュラリア アステリス。3 *Asterophyllities charaefomis*。バージニア州ブキャナン郡、ソー ミル ロードの州道 680 号線沿い、ピルグリムズ ノブから 1.5 マイル南のケニー 炭層の真上の地層から採集。4. *Annularia spicata*。バージ ニア州ワイズ郡、アパラチア、国道 68 号線と 160 号線西 交差点（N. インマン ストリート）から 6 マイル西のパー ディー炭層の上から採集。5. *Annularia radiate*。ケンタッキー州パイク郡、マイラから 1.1 マイル南、国道 23 号線 と 805 号線の交差点から 3.1 マイル南の道路の切り込みから採集。

図 II カラミテスの葉 - バージニア州ディキンソン郡ジョー ジズ フォーク付近、ルート 623 と 624 の交差点から 0.3 マイル北に位置するノートン炭層の真上で採取された 1 つの環状放射状植物。

図版 III カラミテスの葉 - 1,1a *Asterophyllites equisetiformis (Schlotheim) Brongniart* 2. Annularia sphenophylloides。両標本 はケンタッキー州ハイデンの Keith Lawson が収集したも のです。ケンタッキー州レスリー郡ドライヒルの南東 3.3 マイル、ローワー マッキントッシュ ロード（KY-3425）の エース ブランチ ノースにあるハザード #8(フランシス)/ #9(ハイドマン) 炭層が採掘されている露天掘り鉱山で発見 されました。

図版 I カラミテスの根 - 1,1a バージニア州ディキンソン郡 ジョージズ フォーク付近のルート 623 と 624 の交差点から 0.3 マイル北にあるノートン炭層の真上から採集された ピン ヌラリア（ミリオフィリテス）。2. バージニア州ディキンソン 郡ジョージズ フォーク付近のルート 624 と 83 の

交差点から 2 マイル北にあるドーチェスター炭層の層位から採集さ れたピンヌラリア（ミリオフィリテス）。版 I カラミテス生殖球果 1. カラモスタキス。ローワー・ア セス・ブランチ・ノース沖のハザード8（フランシ　ス)/9（ヒドマン）炭層が採掘されている露天掘り鉱山で発　見された。マッキントッシュ ロード (KY-3425) ケンタッキー州レ スリー郡ドライヒルの南東　3.3　マイル。2. *Calamostachys schimper*。ルート 119 沿い、ケンタッ キー州パイク郡ベルフリーの北 0.5 マイルに位置す る、特定できない炭層の上で採集されました。

1

4

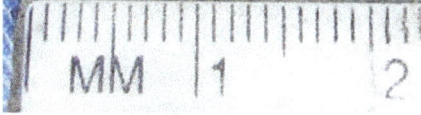

2

3

5

プレート1 カラミテスの葉

プレート *II* カラミテスの葉

1

1a

2

プレート III カラミテスの葉

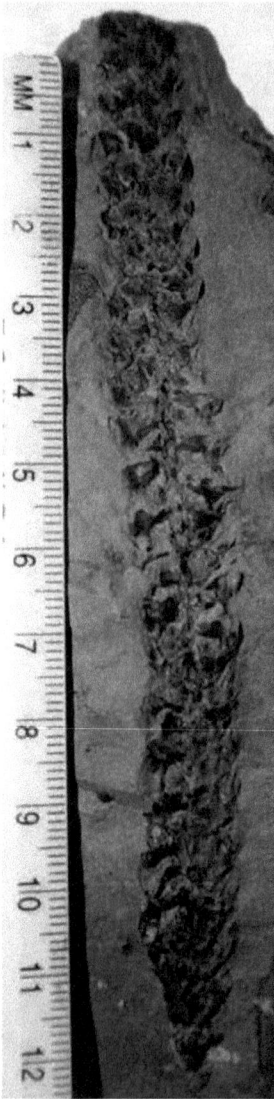
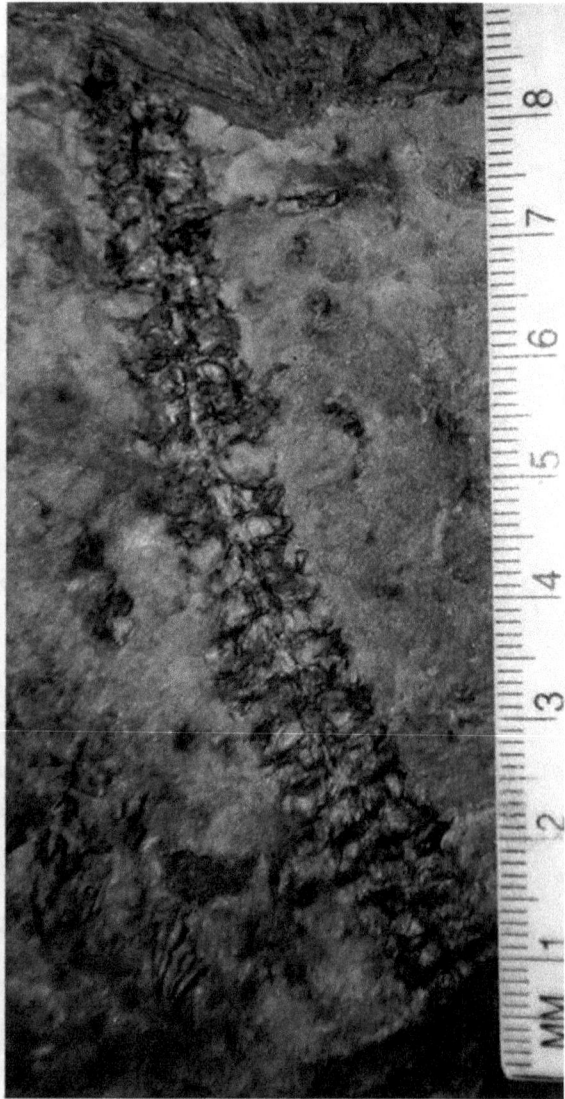

1   2

プレート I カラミテス生殖円錐

1

2

1a

プレート I カラミテスの根

第4章

スフェノフィラム

スフェノフィラム属は、小型でつる植物やキイチゴ　のような陸
上植物の属で、間違われるような特徴を持つ　カラミテス属の
葉の輪生に由来するが、通常、アヌラリ　アやアステロフィリテ
ス属の葉よりも小さく、葉が単葉　脈であるカラミテス属の葉と
は異なり、葉1枚につき複数　の葉脈がある。茎は節があり、縦
に筋がある。葉は三角　形で先端が丸みを帯びたり二股になっ
た輪生葉から成っ　ている。現代のグランドカバー（花壇用）植
物であるガ　リウムに似ている可能性が高い。図30と図31に、
それぞ　れ図面と模型による植物の復元図を示す。

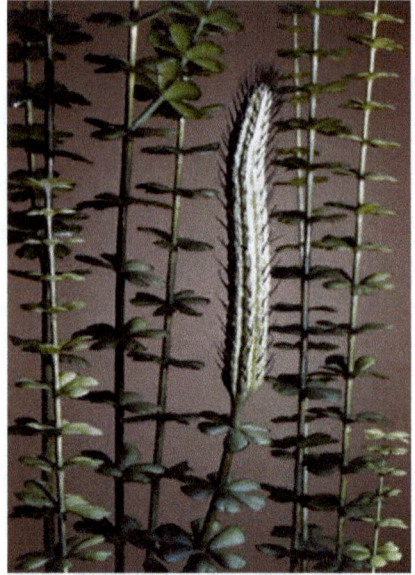

形 30: アーデン R. バッシュフォースの
Sphenophyllum の復元。R. および Zodrow、
2007 年より。
形 31: スフェノフィラム・エマルギナタム植物 モ
デルは、© フィールド博物館、B83051c、写真家
の 許可を得て掲載しています John Bayallis.

図版 l—スフェノフィラム

1.　ステロフィリテスをつけたスフェノフィラム・マ　ジュ
　　ス（右上）バージニア州ディケンソン郡ジョージズ　フ
　　ォークの西1マイル、ローリーフレミングレーンと　キ
　　ャンプクリークロードの交差点から北に200フィート
　　のドーチェスター炭層地平線から収集された標本2.
　　Sphenophyllym longifo-lium。3. *Sphenophyllym longi-*
　　folium。2と3は両方とも、ケンタッキー州レスリー　郡
　　ドライヒルの南東3.3マイル、ローワーマッキントッ シ
　　ュロード（KY-3425）のエースブランチノースにある
　　ハザード#8（フランシス）/#9（ヒドマン）炭層が採掘
　　されている露天掘りで収集されました。

1

2

3

プレート1 スフェノフィラム

第5章

シダと種子シダ

絶滅した種子シダと現存する真のシダの木の復元 図を図 32 に示します。生きている木生シダを図 33 に 示します。

形 32: メデュロサの復元、種子シダの着色は Jon Hughes/www.jfhdigital.com

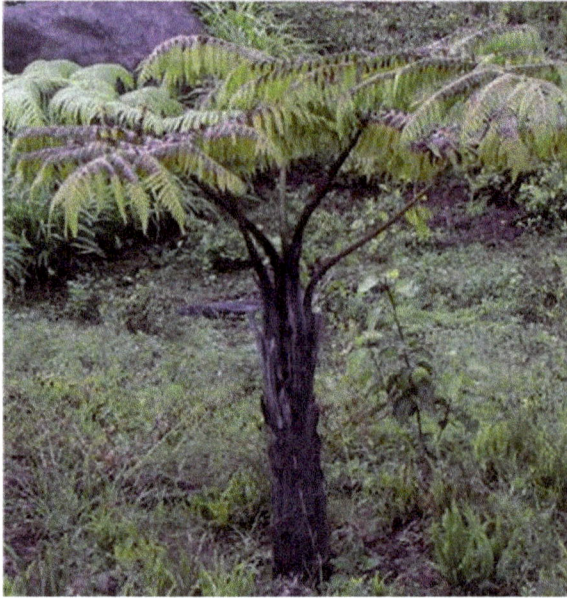

*形 33: ハワイ島で見られる典型的な木生シ
ダ、**Cibotium sp.**。写真は2006年12月に筆者が撮影。*

シダの形態

シダ植物の一般的な分類と命名は、化石シダ植物の最も初
歩的なフィールドガイドでも使用されている標準的で専門 的
な用語に基づいています。図 34 は、現代のシダ植物に 見ら
れる各構成要素に適用される基本用語を示していま す。古代
のシダ植物にも同じ用語が適用されます。不完全 または断片
化されたシダのような複葉は、小葉、葉脈、お よび葉軸への付
着方法の一般的な形態を使用して決定され る基本形態属に
割り当てられます（図 35 および図 36 を参 照）。多数のシダ
植物種の索引として強く推奨される参考 文献は、Langford,
G., (1958.) です。

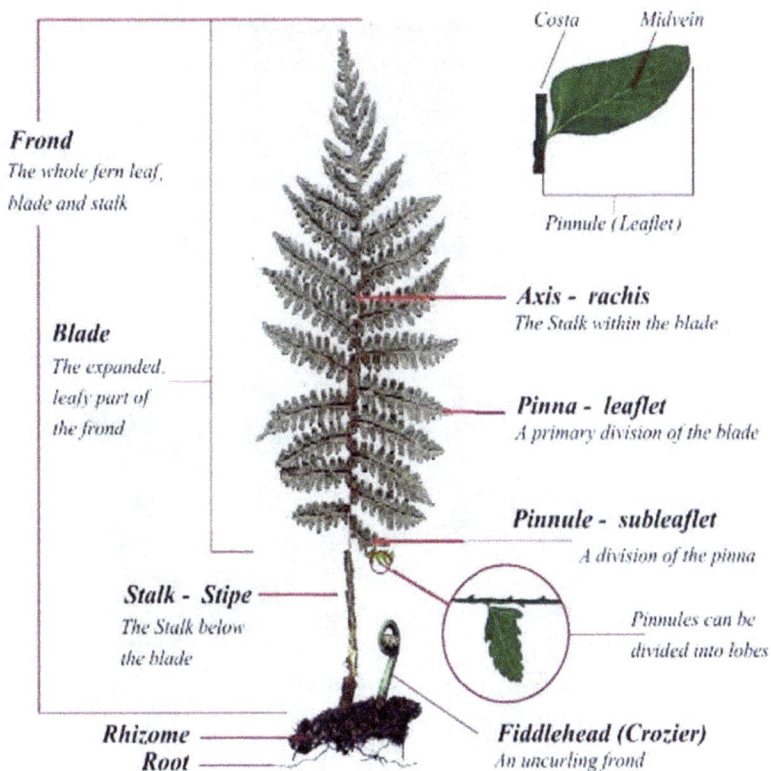

Frond
*The whole fern leaf,
blade and stalk*

Blade
*The expanded,
leafy part of
the frond*

Stalk - Stipe
*The Stalk below
the blade*

**Rhizome
Root**

Costa　*Midvein*

Pinnule (Leaflet)

Axis - rachis
The Stalk within the blade

Pinna - leaflet
A primary division of the blade

Pinnule - subleaflet
A division of the pinna

*Pinnules can be
divided into lobes*

Fiddlehead (Crozier)
An uncurling frond

形 *34:* 羽状複葉シダの形態を説明する
際 に使用される用語の一般的な図解。色
付 けは ***Jon Hughes/www. jfhdigital.com***

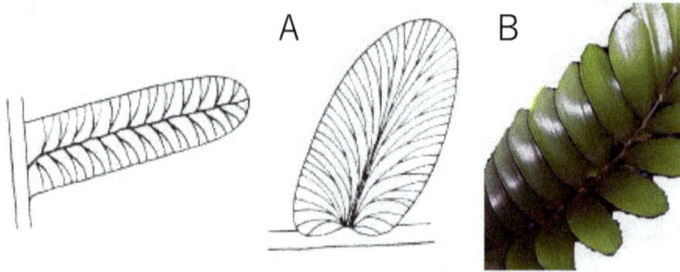

ペコプテリスに類似:
小羽片は基部全体
にわたって軸に付着
している。ペコプテリ
ス、アロイオプテリス

Neuropteris に類似: 小羽根が 1 点で軸に付着し
ま*Neuropteris*、*Neuralethopteris*、*Reticulopteris*、　　Parip
全体にわたって軸 *teris*、*Linopteris* (A)。*Zamia furfura-*
cea (B)。*Neuropteris* に付着している。に類似: 小羽根
が 1 点で軸に付着しま ペコプテリス、ア す。*Neuropter-*
is、*Neuralethopteris*、*Reticulopteris*、*Parip*ロイオプテリス
teris、*Linopteris* (A)。*Zamia furfuracea* (B)。

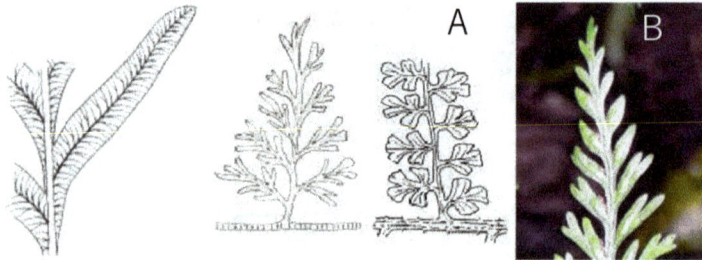

アレトプテリスに類似: 羽状
突起は幅広く付着し、軸に沿
って流下し、互いに連結して
いる。アレトプテリス・ニュー
ラレトプテリスはニューロプ
トゥリスに類似した狭窄した
心形の基部を持つが、アレ
トプテリス様の脈を持つ。

Sphenopteris に類似: 小羽片
は裂片状で深く切れ込んでい
る。*Sphenopteris*、*Palmatopteris*、*Renaultia*、
Oligocarpia、*Alloiopteris*、*Fortopteris*
(A)。ニュージーランドのシダ
Asplenium Lucrosum(B)。

形 35: シダのような化石の小羽片（個々の小
葉）の識別と、中心軸（葉軸）への付着方法が、
より具体的な種を識別するための基礎となりま
す。また、比較のために現代のシダも示されて
います。*Gothan* および *Remey*、1957 による。

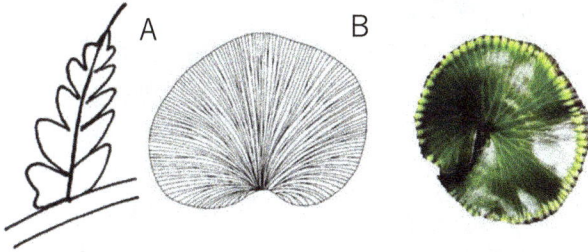

A **B**

Mariopteris に類似: 小羽片は多かれ少なかれ（丸みを帯びた）三角形です。小羽片にはいわゆるクライミングフックがありますが、常に見えるわけではありません。Gothan & Remy、1957 Mariopteris、Fortopteris に倣います

Cyclopteris:（ほとんど）丸い葉で、葉状体の一部の基部に付着しています。かなり大きいサイズになることがあります (A)。Cleal & Thomas1994 より。ニュージーランド産の腎臓シダまたは Hymenophyllumnephro-phyllum (B)*。

A **B** **A** **B**

アフレビア: 強く切れ込んだ葉（の一部）。シダの若い葉の周りの苞葉だった。レスキューはいくつかの種をRhacaphyllum と呼んでいる(A)。Polypodium falax crested poly fern(B)** 。Gothan &Remy、1957 による

ラコフィラム: サイクロプテリスに似ているが、中脈がなく、細い脈が分岐したり枝分かれしたりしていない。また、付着点の証拠もない (A)。ニュージーランド産のアジアンタム レニフォルメ (B)

形 36: 種子シダのような化石小羽片（個々の小葉）の 識別と中心軸（葉軸）への付着方法は、より具体的な 種を識別するための基礎となります。また、現代のシダが古代の形態がどのように現れたかを示しています。注:*ニュージーランド博物館テ・パパ・トンガ

レ ワの許可を得ています。**ハワイ州マカワオのフォ
レ スト・スターとキム・スターの許可を得ています。

プレートⅠ種子シダ クレヌロプテリス。

1. ケンタッキー州レッチャー郡ホワイトバーグ、州　道
　931 号線から 0.6 マイル右、州道 931 号線と州道
　15 号線北の交差点から 1.8　マイルに位置する
　アンバー　ギー炭層のすぐ上で採集されたクレヌロ
　プテリス標 本。

プレートⅠ種子シダ クレヌロプテリス

プレート I シダの種子 *Pecopteris*—1.*Pecopteris parvula.*標本 ケンタッキー州レッチャー郡ホワイトバーグの州道 931号 線から0.6マイル、州道931号線と州道15号線北　の交差 点から1.8マイルに位置するアンバーギー炭層　のすぐ上 で採取されました。

図 II 種子シダ *Pectopteris*—1. *Pecopteris taiyuanensis* は、バー ジニア州ディケンソン郡、州道 83 号線とキャンプ クリー ク ロードの交差点から 1 マイル北、ジョージズ フォー ク から 1 マイル東のクリントウッド/ブレア炭層のすぐ上か ら採取されました。

図版III 種子シダ *Pecopteris*—1,1a *Pecopteris plumosae* 採集ク リス・ジョンソン（「ポーキー」）による、バージ　ニア州リー 郡キーオキー近郊の州道624号線から西に 1.7マイル、州 道624号線と606号線の交差点から北に　約0.5マイルの タガート炭層地平線から発見。バージ　ニア州パウンドの 炭鉱労働者、ジョンソン氏がこの化 石を私にくれた。

プレート I 種子シダ ペコプテリス

プレート II 種子シダ ペコプテリス

1

1a

プレート *III* *種子シダ ペコプテリス*

図版 I―種子シダ アレトプテリス

1, 1a. *Alethopteris valida* ケンタッキー州レスリー郡ド ラ イヒルの南東 3.3 マイル、ローワー マッキントッ シュ ロード (KY-3425) のエース ブランチ ノースにあ る ハザード #8 (フランシス)/#9 (ヒドマン) 炭層が採掘 されている露天掘り鉱山で発見されました。

1

1a

プレート 1 種子シダ アレトプテリス

1

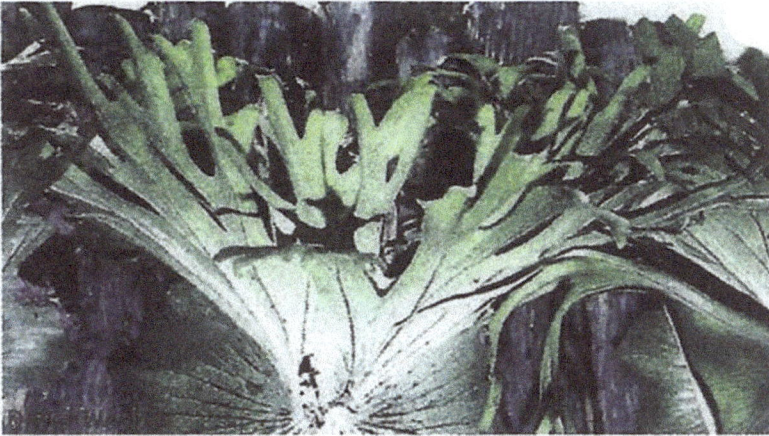

2

プレートⅠ—シダ アフレビア

1.　ケンタッキー州レスリー郡ドライヒルの南東 3.3 マ
イ ル、ローワー マッキントッシュ ロード（KY-3425）
の エース ブランチ ノースにあるハザード #8（フラ
ンシ ス)/#9（ヒドマン）炭層が採掘されている露天
掘り鉱 山で採集された *Aphlebia arborescens*。

2. 比較のためにシダ植物のスタッグホーンを撮影。写真提供：ジェラルド・マコーマック

プレート I—種子シダ *Cyclopteris*

1. ***Cyclopteris sp.*** 2 ***Cyclopteris orbicularis*。** 両標本とも ケンタッキー州レスリー郡ハイデンの西約 4 マイル、国道 421 号線から 2.8 マイル離れたハザード #9 炭層層から採取されました。

1

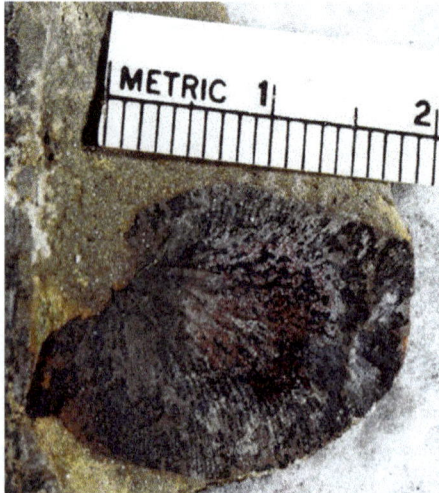

2

図版I—草本シダ アロイオプテリス

1,1a ***Alloiopteris coalloides*** 。タガート川のすぐ上で採集された バージニア州ワイズ郡ストーンガの北約 2 マイル にある石炭層。

1

1a

プレート I 草本シダ アロイオプテリス

プレートI 種子シダ スフェノプテリス—1、1. スフェノプテ リス・ソウイチイ採集　バージニア州ワイズ郡ストーンガの北約2マイルにあるタガート炭層のすぐ上。

プレートII 種子シダ *Sphenopteris*—1. *Sphenopteris crossotheca schatziarensis*。バージニア州ブキャナン郡、ソー ミル ロードの州道 680 号線沿い、ピルグリムズ ノブの南 1.5 マイル のケネディ炭層上から採集。2. *Spenopteris sp*。バージ ニア 州ディケンソン郡、ジョージズ フォークの西 3 マイル、ローリー フレミング レーンとキャンプ クリーク ロードの 交差点の北約 200 フィートのドーチェスター炭層層 から採 集。

プレート III 種子シダ *Sphenopteris*—1. *Palmatopteris furcate* は、ケンタッキー州パイク郡シドニーのすぐ北、国道 468 号線沿いの分類されていない炭層から採取されました。1a　の現代のシダは比較のために示されています。2 、2a *Sphenopteris adiantoides* は、バージニア州ブキャナン 郡ソー ミル ロードの州道 680 号線沿い、ピルグリムズ ノブの南 1.5 マイルのケネディ炭層の上から採取されま した。

プレート IV 種子シダ *Sphenopteris*—1. *Sphenopteris sp*. バー ジニア州ディケンソン郡、ジョージズフォークのルート 623 と 624 の交差点から 0.3 マイル北のノートン炭層の すぐ上で採集されました。

プレート V 種子シダ *Sphenopteris*—1. *Sphenopteris sp*. 2. *Sphenopteris neuropteroides*。両方の標本は、ケンタッキー 州ペリー郡ヴィッコの東 0.3 マイル、I-15 沿いのノット郡 とペリー郡の境界、アッパー　ホワイトバーグ炭層の上に あ る場所で収集されました。

プレートVI 種子シダ *Sphenopteris*—1,1a *Sphenopteris sp*. ケン タッキー州レスリー郡ハイデンの西約 4 マイル、国道 421

号線から 2.8 マイル離れた場所にある危険度 #9 の炭 層 層から採集されました。

プレートVII 種子シダ *Sphenopteris*—1. *Sphenopteris obtusi-loba* タガートマーカー炭層層から1.6マイル採集ルート 78 の北西、バージニア州ワイズ郡ストーンガから 1 マイル。2、2a *Sphenopteris* sp. および 3. *Sphenopteris sewardii* は、ケンタッキー州レスリー郡ドライヒルの南東 3.3 マイル にあるローワー マッキントッシュ ロード (KY-3425) のエー ス ブランチ ノースにあるハザード #8(フランシス)/#9 (ヒドマ ン) 炭層の採掘現場で採掘された露天掘りで採集されま した。4. *Sphenopteris sp*. は、ケンタッキー州レッチャー郡ミ ルストーンの東約 3 マイルにあるジャンクションI-119 とチャーリー ホワイト LN から 0.05 マイル東の分類されてい ない炭層から採集されました。

図版 VIII 種子シダ *Sphenopteris*—1. *Sphenopteris sp*.、2. *Sphenopteris obtusiloba*、3. *Sphenopteris sp*. すべての標本 は、ルート 680 から 0.4 マイル東、バージニア州ディケン ソン郡ヘイジーの 2.5 マイル東にあるルート 83 (ディケ ン ソン ハイウェイ) の道路切通しにあるスプラッシュダム 炭 層の上から収集されました。4. *Sphenopteris sp*. は、ケン タッキー州ペリー郡ヴィッコの 0.3 マイル東、ノット郡 と ペリー郡の境界にある I-15 沿いにあるアッパー ホワイ トズバーグ炭層の道路切通しの上から収集されました。

プレートIX 種子シダ *Sphenopteris* – 1. *Sphenopteris sp*.は、ケン タッキー州レスリー郡ドライヒルの南東 3.3 マイ ル、ロー ワー マッキントッシュ ロード (KY- 3425) の エース ブラ ンチ ノースにある、ハザード #8 (フランシ ス)/#9 (ヒドマ ン) 炭層が採掘されている露天掘り鉱山。

1

1a

プレート1 種子シダ スフェノプテリス

1   2

プレート II 種子シダ スフェノプテリス

1

1a

2

2a

プレート III 種子シダ ス
フェノプテリス

1

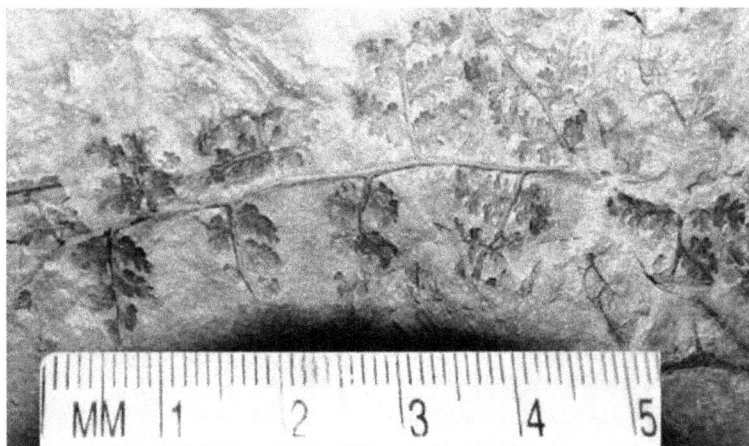

2

プレート IV 種子シダ スフェノプテリス

1   2

プレート V 種子シダ スフェノプテリス

1a

2

プレート VI 種子シダ スフェノプテリス

1

4

2a

2

3

プレート VII 種子シダ スフェノプテリス

1

2

3

4

プレート VIII 種子シダ スフェノプテリス

プレート *IX 種子シダ スフェノプテリス*

プレートⅠ— 種子シダ エレモプテリス

1. エレモプテリス・アルティミシアエフォリア。スト　リップで採取された標本 ケンタッキー州レスリー郡ド ライヒルの南東3.3マイル、ローワーマッキントッシュ ロード（KY-3425）のエースブランチノースにあるハ ザード#8（フランシス）/#9（ヒドマン）炭層が採掘 されている鉱山。

プレートⅠ 種子シダ エレモプテリス

プレートI 種子シダ マリオプテリス — 1. マリオプテリス ムリカタ。2. マリオプテリス sphenopteroides。標本は、バージニア州ワイズ郡、ルート 78 から北西に 1.6 マイル、ストーンガから北に 1 マイルに位置するタガート マー カー炭層層から収集されました。3,3a Mariopteris muricata は、バージニア州ワイズ郡、アパラチア、ルート 160W とルート 68 のジャンクションから北西に 3 マイル、ルート 160 から左に約 1000 フィートのタガート炭層で開発された鉱山の坑道天井から収集されました。

プレートII シダ マリオプテリスの種子 — 1、1a。マリオプ テリス・アクタ・ブロンニャルト。赤い矢印で示されてい る針のような先端に注目してください。ケンタッキー州レスリー郡ドライヒルの南東 3.3 マイル、ローワー マッキン トッシュ ロード (KY-3425) のエース ブランチ ノースにあるハザード #8 (フランシス)/#9 (ヒドマン) 炭層が採掘さ れ ている露天掘り鉱山で採取された標本です。

プレートIII 種子シダ Mariopteris—1. Mariopteris dernon-courti。分類されていない炭層で収集。ケンタッキー 州レッチャー郡、ミルストーンの東約 3 マイル、ジャン クション I-119 と Charlie White LN の東 0.05 マイ ルで道路が切通し。

1

2

3

3a

プレート1 種子シダ マリオプテリス

1　　　　　　　　1a

プレート *II* 種子シダ マリオプテリス

プレート III 種子シダ マリオプテリス

プレート I — 種子シダ カリノプテリス

1. ***Karinopteris robusta***。露天掘りで採取された標本 ケンタッキー州レスリー郡ドライヒルの南東3.3マ　イル、ローワーマッキントッシュロード（KY-3425）のエースブランチノースでハザード #8（フランシス）/#9（ヒドマン）炭層が採掘され ています。

プレート I 種子シダ カリノプテリス

図版 I 真正シダ *Boweria*—1. *Boweria sp.* 採取された標本 バージニア州ワイズ郡インマンの北西 4.8 マイルの道 路切通しにあるフィリップス炭層から採取。2. 比較の ため現代のフィルムシダを表示。3. *Boweria schatzlarensis (Stur) Kidston*。ケンタッキー州パイク郡 マイラの南 1.1 マイル、ジャンクション ルート 23 と 805 の南 3.1 マイルに位置する分類されていない炭層 層から採取。

プレート II 真のシダボウリア - 1,1a。*Boweria schatzlarensis (Stur)*キッドストン。ケンタッキー州パイク郡、マイラの南 1.1 マイル、ジャンクション ルート 23 と 805 の南 3.1 マイルに位置する未分類の炭層層から採取されまし た。

1   2

3

プレート I 真のシダ類 *Boweria*

1

1a

プレート II 真のシダ類 Boweria

プレートI 種子シダ *Neuropteris*—1. ***Neuropteris heterophylla*** が 採集された バージニア州ブキャナン郡ヴァンサントの すぐ 南、州道 83 号線から約 3 マイル離れた国道 604 号 線沿 い。2、2a。ニューロプテリス ポカホンタス。ウェスト バー ジニア州マーサー郡フラット トップの南 2.8 マイル の地点 にある州間高速道路 77 号線沿いのポカホンタス 第 2 炭層層 から採集。

プレートII種子シダ*Neuropteris*—1.*Neuropteris*   *Pocahontas*。 収集ウェストバージニア州マーサー郡フラットトップの南 2.8マイルの地点にある州間高速道路77号線沿いのポカ ホン タス第2炭層地平線から。

プレート III 種子シダ *Neuropteris*—1、1a。***Neuralethopteris jongmansii*** ラヴェインは、バージニア州ブキャナン郡のガ ー デン クリークの窪地から約 1200 フィート下にあるポ カホン タス No. 3 炭層の鉱山天井から採集しました。2. ***Neuropteris ovata*** (10X)。ウェスト バージニア州マクドウ ェル郡メイベ リーから西に約 0.5 マイルのルート 52 沿 いで採集しました （注： 露出した炭層はありませんでし た)。

プレート IV 種子シダ ニューロプテリス—1。ニューロプテリ ス シャクゼリ 1a 1 の一部を拡大した図。大きな小羽の基 部に ある 2 つの小さな楕円形でほぼ丸い小羽の詳細が 示されてお り、小羽はリキスに付着している。標本はバー ジニア州ワイ ズ郡のストーンガの北約 1 マイルで収集さ れた。炭層層は未 確認。2. オスマンダ レガリスはロイヤ ル シダとも呼ばれ る。化石 1a との類似性に注目。

プレート V 種子シダ *Neuropteris*—1、1a。ケンタッキー州レス リー郡ハイデンの西約 4 マイル、ルート 421 から 2.8 マイ ル離れたハザード #9 炭層層から採取された ***Neuropteris dussartii***。2、2a ***Neuropteris obliqua***。ローワー マッキント ッ シュ沖のエース ブランチ ノースにあるハザード #8(フ

ラン シス)/#9(ハイドマン) 炭層が採掘されている露天掘り鉱山で 採取された標本。Road (KY-3425) 3.3 miles South East of Dryhill, Leslie County, Kentucky.

1

2

2a

プレート I 種子シダ ニューロプテリス

プレート II 種子シダ *Neuropteris*

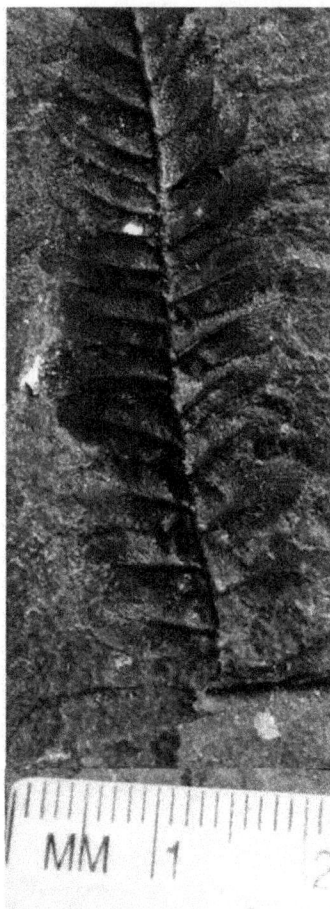

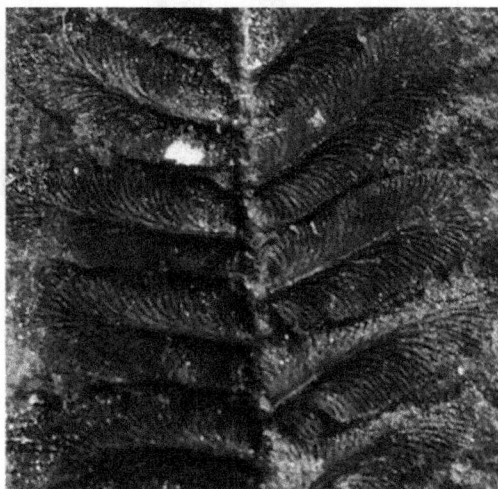

1a

1   2

プレート *III* 種子シダ *Neuropteris*

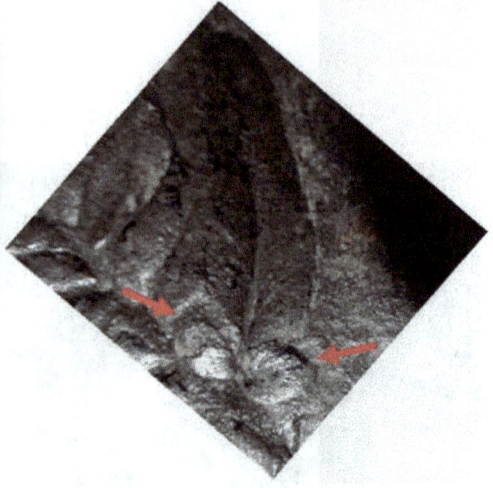

1 1a

2

プレート *IV* 種子シダ *Neuropteris*

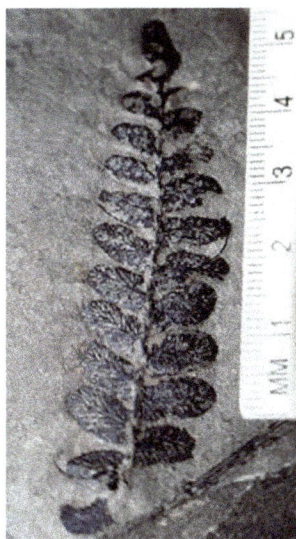

1

1a

2

2a

プレート V 種子シダ Neuropteris

プレート I— 種子シダ オドントプテリス

1. ***Odontopteris aequalis (osmundaformis)***。一緒に集め
た　ウェストバージニア州マクドウェル郡メイベリー
の西約 0.5 マイルにある国道 52 号線（注: 露出し
た石炭層はありませんでした）。

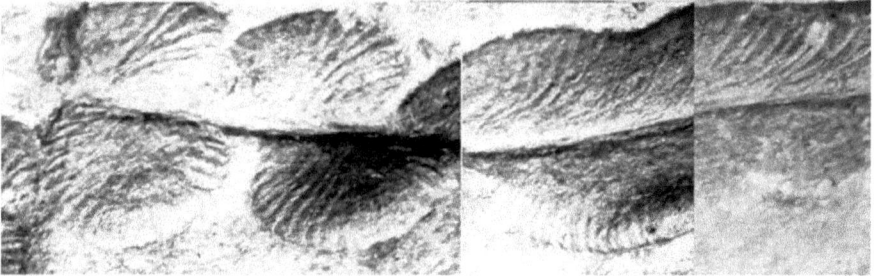

プレート I 種子シダ オドントプテリス

プレート I— シダの種子

1. トリゴノカルプスの細長い形。　名前のない炭層。ケ
ンタッキー州レッチャー郡 ジェンキンスから約 6 マイ
ル、州道 23 号線南行 き車線のバーナ LN から 0.2
マイル北の道路切通　し。2. 種子シダの一部に付随
する ***Trigonocarpus sp.***。バージニア州ワイズ郡ストー
ンガから 1 マイ ル、州道 78 号線から北西に 1.6 マ
イルのタガート マーカー炭層から採集。

1

2

プレートI: シダの種子

プレート1—種子シダ *Lyginopteris*

1, 1a, 1b ***Lyginopteris cf. hoenighausi***。1bは拡大図です 茎
には有頭腺（液体を分泌する頭のような形の構　造）
と呼ばれるとげのような突起があります。ウェストバ
ージニア州ローガン郡シャープルズ近 くの鉱山のパ
ウエルトン炭層から採取されまし た。

1

1a

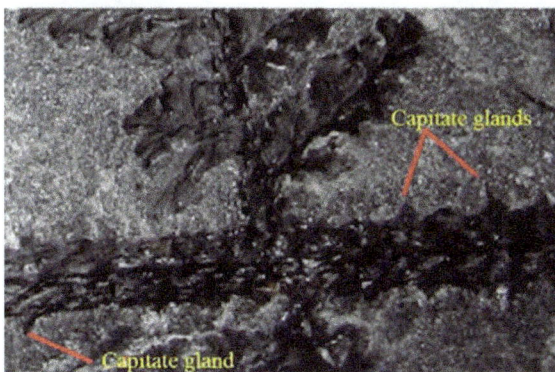

1b

プレート I 種子シダ *Lyginopteris*

図版 I—種子シダ Eusphenopteris

1, 1a そして 1b. エウスペノプテリス・ヌムラリア　バージニア州ディケンソン郡パウンドの東約　10　マイル、州道 83 号線の南、レッド オニオン マウ ンテンにあるローワー バナー炭層の鉱山。

1

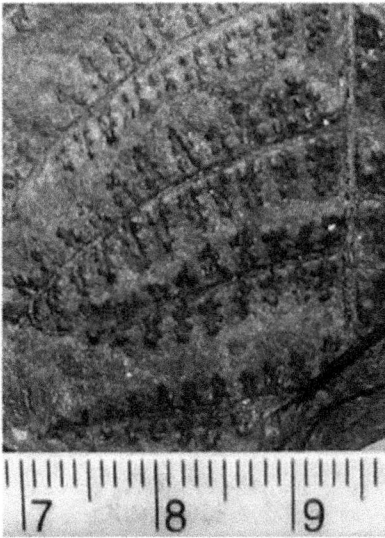

1a

1b

プレート V 種子シダ *Neuropteris*

第6章

コルダイテス
(初期の裸子植物)

コルダイトは、円錐状の構造物に運ばれた種子と胞子から繁殖する木であり、一部の人々によってコルダイテスは「初期の針葉樹」または裸子植物です(図37を参照)。これらは最初に上部ミシシッピ紀に出現し、その後三畳紀後に姿を消しました。コルダイテスの子孫は現存していません。当初、コルダイテスという名前は、細くてひも状の圧縮葉の残骸にのみ適用されていましたが、植物全体に適用されるようになりました(図38を参照)。この植物の1つの変種は乾燥した陸上に生息し、低木のような対応種は、現代のマングローブのように、支柱のような根系で海水から汽水域に生息していたと考えられています。

形 37: 2 種類の **Cordaites** の復元図。1 つは マングロ
ーブ型 (左)、もう 1 つは樹木型 (右) です。**Gillespie**
ら (1978) から改変。色 付けは著者による。

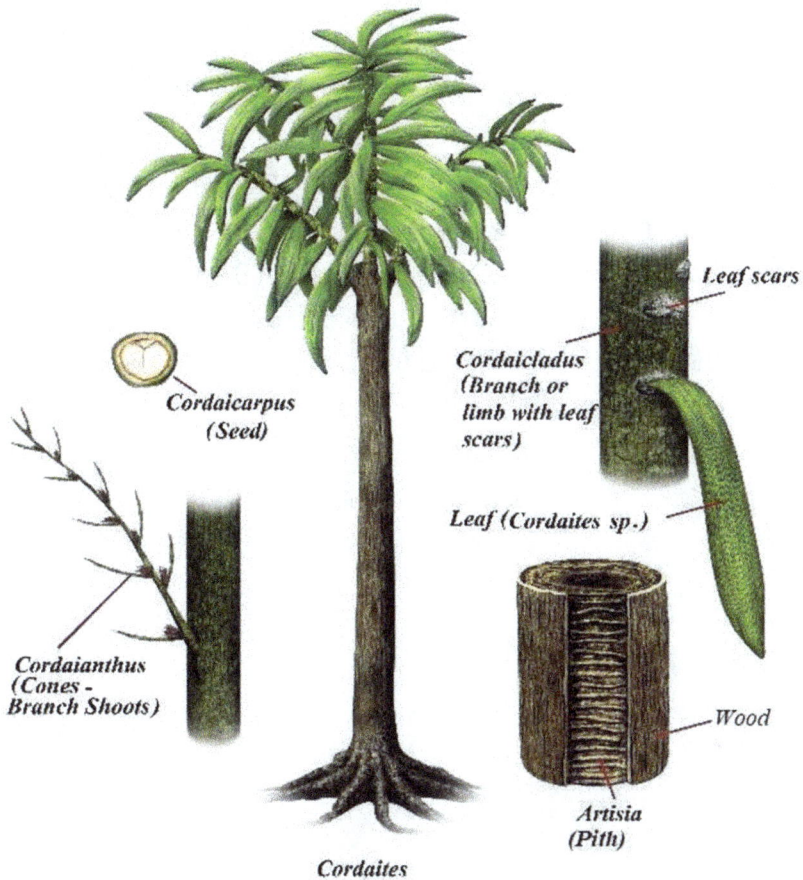

形 38: コルダイトとその部品は、イリノイ 州エス
コーニ・アソシエイツの許可を得 て、*Langford,*
G., 1958、図220、122ページか ら改変。色
付けは *Jon Hughes/ www.jfhdigital.com.*

プレートⅠ コルダテス —1,2 *Cordaties lingultus* (葉)。石 炭の地平線 *Imboden* バージニア州ワイズ郡ストーンガの 1 マイル北で採集。3. *Artisa sp*. (幹)。バージニア州ディ ケンソン郡ジョージズフォーク付近のジャンクション ルート 624 と 83 の 2 マイル北にあるドーチェスター 炭層上で採集。

図版 Ⅱ コルダイテス—1、1a アルティサ属 (幹)。収集さ れた標本はすべて ケンタッキー州レッチャー郡、マイル スト ーンの東約3マイル、州間高速道路119号線とチャー リー ホワイト LN のジャンクションの東 0.05 マイルに位 置する道路切通しの炭層の上から。

1

2

3

プレート1 コルダティ

1a   1b

プレート *II* コルダティ

文献

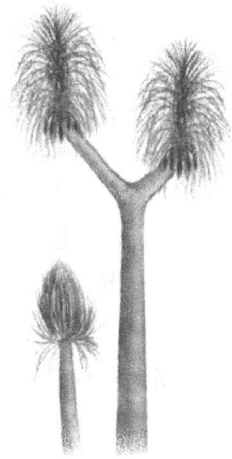

アルバレス・バスケス、C.およびワグナー、R.H.2014.
Lycopsida from カナダ沿岸州の下部ウェストファリアン
（中部ペンシルベニア）大西洋地質学、50、pp.167-232。

Bashforth, Adren R.、および Erwin L. Zodrow、2007年。
「Sphynophyllum costae（中期ペンシルベニア紀、
ノバスコ シア州、カナダ）の部分的復元と古生態学」
、Bulliten of Geosciences、第82巻、第4号、365-382頁。

クリストファー・J・クリアルおよびバリー・A・トーマス（1994年）
「イギリス炭層植物化石」、古生物学協会、 化石フィール
ドガイド第6号、ロンドン、222ページ。

Cross, A. T., Gillespie, W. H., Taggart, R. E., 1996.「上部古
生代維管束植物」『Fossils of Ohio』、R. M. Feldmannお
よび Merrianne Hackathorn 編。オハイオ州地質調査所
紀要 70、p. 396-479。

鉱山・鉱物・エネルギー省、2015 年、「バージニア州の 石炭
生産」、バージニア州地質鉱物資源部 https:// www.
dmme.virginia.gov/dgmr/coal.shtml。

DiMichele, William, Paralycopodites A.、1980、「ユーラメ
リカ石炭紀の Morey & Morey-「LEPIDODENDRON」
Brevifolium と進化の再評価」American Journal 1466-
1476。Williamsonの属類似性 of Botany 67(10) pp

DiMichele, William, A. Scott D. Elrick、およびRichard M. Bateman、2013、「後期古生代根状樹木リコプシド科 Diaphorodendraceaeの成長習性：系統発生的、進化的、およ び古生態学的意義」、American Journal of Botany 100(8) pp 1604–1625。

DiMichele, W.A. および Phillips, T.L. 1994. ユーラメリカ後期石炭紀の泥炭形成モデルに対する古植物学および古生態学的制約、古気候学、古地理学、古生態学、106:39-90

Gothan W. & Remy W.、1957年。「Steinkohlenpflanzen」。エッセン。Gillespie、William H.、John A. Clendening、Herman W.

Pfefferkorn. 1978.「ウェストバージニア州の植物化石」ウェストバージニア州地質経済調査局、教育シリーズ ED-3X: 172。

ハンス・ステュアー、2017年、Hans'Paleobotony Pages、Ellecom、オランダ

Jana Frojdová、Josef Pšenička、Jiří Bek、Christopher J. Cleal、2017年。ペンシルバニアシダBoweria Kidstonの改訂 と新属Kidstoniopterisの設立。Review of Palaeobotany and Palynology236、Elsevier publishing、pp 33- 58。

ケンリック、ポール、ポール・デイビス、2004、化石植物、生きた過去 シリーズ、スミソニアン・ブックス、ワ シントン、ロンドン自然史博物館と共同、216ページ。

ラングフォード、ジョージ、1876年。「ウィリントンの石炭植物相は、「イリノイ州ウィル郡のペンシルベニア紀の堆積物」、イリノイ州北部の地球科学クラブの委託を受けたエスコーニ・アソシエイツ社により再出版、第 2 版、1958年、366 ページ。

レスキュー、レオ。「1879〜1884年：ペンシルバニア州 および米国全土の石炭紀層の石炭植物相の説明。」第2回 ペンシルバニア地質調査所出版物、全3巻。

ルイス、リチャード、Q.、シニア、1978年、「ケンタッキー州レスリー郡およびペリー郡、ハイデン西四角形の地 質図」、GQ-1468。

マクドウェル、ロバート、C.、2001、「ケンタッキー州の地質学 - テキスト ケンタッキー州の地質図、第 7 章、プ レート XXIV、USGS プロフェッショナル ペーパー 1151-H に付属。

マクローリン、トーマス、F.、2017、「中央アパラチア炭田で発見された（ペンシルバニア紀）石炭紀の植物化石アトラス」、Top Link Publishing、pp. 146。

Puffett, Willard, P.、1965 年、「Vicco 四角形の地質 図」、GQ-418。

スワード、A.C.、M.A.、F.R.S.、1898、「化石植物：植物 学と地質学の学生のための教科書」、ケンブリッジ大学出 版局、ロンドン、第 1 巻、pp. 478

スワード、A.C.、M.A.、F.R.S.、1898、「化石植物：植物 学と地質学の学生のための教科書」、ケンブリッジ大学出 版局、ロンドン、第2巻、66ページ

スワード、A.C.、M.A.、F.R.S.、1898、「化石植物：植物 学と地質学の学生のための教科書」、ケンブリッジ大学出 版局、ロンドン、第3巻、684ページ

Steue、Hans。Hans の Paleobotony Pages、Ellecom、オ ランダ、2017 年 5 月 10 日。

Wagner, Robertおよび Carmen-Álvarez-Vázquez、2014 年、Atlantic Canada、Atlantic Geology、第 50 巻、pp167 - 232。

付録A

バージニア州の収集 場 所別花の集合体

1. 賢いフォーメーション
    パーディー炭層
    68号線と160号線西(Nインマン通り)の交差点から西
    に6マイル、アパラチア、ワイズ
    バージニア州の郡
    座標: 82-15-55W 36-55-00N
    化石:　1. レピドデンドロン属 - シリンゴデンドロン
    　　　　2. ノリア段階のレピドデンドロン。
    　　　　3. レピドフロイオス
    　　　　4. 鱗茎胞子体(小枝)
    　　　　5. レピドストロブス門
    　　　　6. 木質層を示すレピドデンドロン、*Knorria*およ
    　　　　　び *Aspidiopsis*。
    　　　　7. レピドフィロイデス
    　　　　8. アニュラリア・スピカータ

9. ボスロデンドロン属

2. 賢いフォーメーション
フィリップス炭層
バージニア州ワイズ郡インマンの北西 4.8 マイルの道
路の切り通しに位置しています。
化石:　1. ボウリア属

3. 賢いフォーメーション
タガート炭層
バージニア州ワイズ郡ストーンガの北 2.5 マイル、州
道 600 号線沿いに位置しています。
座標: 82-47-17W 36-59-23N
化石:　1. レピドデンドロン
　　　　2. レピドデンドロン・ワーセニ。
　　　　3. レピドフィロイデス(葉の付いたレピデンドロ
　　　　　　ンの小枝)
　　　　4. レピドデンドロン・ノリア。
　　　　5. ディアフォロデンドラセ科
　　　　6. カラミテスは吸う。
　　　　7. カラミテスは吸う。
　　　　8. カラミテス属
　　　　9. カラモフィライト
　　　　10. アロイオプテリス・コロイデス
　　　　11. スフェノプテリス・ソウイチイ
　　　　12. マリオプテリス・ムリカータ。

13. マリオプテリス・スフェノプテロイデス。

4. 賢いフォーメーション
   タガート炭層層
   州道624号線から西に1.7マイル、ジャンクションの北約0.5マイルに位置します。
   バージニア州リー郡キーオキー付近のルート 624 と 606。座標: 82-54-33W 36-52-14N
   化石:　1. ペコプテリス・プルモース

5. 賢いフォーメーション
   タガート炭層
   ジャンクションの北西3マイル、国道160号線から左に約1000フィートのところにあります。
   ルート 160W とルート 68、アパラチア、バージニア州ワイズ郡。座標: 82-51-14W 36-54-36N
   化石:　1. マリオプテリス・ムリカータ

6. 賢いフォーメーション
   タガートマーカー炭層
   ルート 78 から北西に 1.6 マイル、バージニア州ワイズ郡のストーンガから 1 マイルの場所にあります。
   座標: 82-47-32W 36-58-39N
   化石:　1. 黄鉄鉱に保存されたカラミテス属

   　　2. *Calamites ramifer Stur*、*1875 Sphenopteris obtusilova*

4. トリゴノカルプス属

5. ベルジェリア

7. 賢いフォーメーション

インボデン炭層

バージニア州ワイズ郡ストーンガの北 1 マイル、州道 600 号線沿いにあります。

座標: 82-46-15W 36-57-57N

化石: 1. レピドデンドロン・オボバツム

8. 賢いフォーメーション

インボデン炭層

バージニア州ワイズ郡オオサカに位置しています。

座標: 82-48-39W 36-56-49N

化石: 1. レピドデンドロン・リゲンス。

9. 賢いフォーメーション

インボデン炭層

バージニア州ワイズ郡ストーンガの北 1.3 マイルに位置しています。

化石: 1. 災厄は波打つ

10. 賢いフォーメーション

インボデン?バージニア州ワイズ郡ストーンガの北1 マイルで採集。

化石: 1. 舌状体

2.　　ニューロプテリス・シェウクゼリ

11. 賢いフォーメーション

クリントウッド/ブレア炭層

バージニア州ディケンソン郡、州道 83 号線とキャンプ クリーク ロードの交差点から 1 マイル北、ジョージズ フォークから 1 マイル東に位置しています。

座標: 82-30-41W 37-08-54N

化石:　　1. ペコプテリス・タイユアンエンシス

12. アッパーノートン層

ドーチェスター炭層

ディケンソンのジョージズフォーク近くのジャンクションルート624と83の2マイル北に位置するバージニア州郡。

座標: 82-30-55W 37-09-00N00N

化石:　　1. レピドストロブス(生殖球果)。

　　　　　2. アーティサ・アクロシマータ

　　　　　3. アルティサ sp.

　　　　　4. ピンヌラリア(ミリオフィリテス)

13. アッパーノートン層

ドーチェスター炭層層

バージニア州ディケンソン郡ジョージズフォークの西1マイル、ローリーフレミングレーンとキャンプクリークロードの交差点から北に200フィートのところにあります。

座標: 82-31-17W 37-09-14N

化石:　　1. スフェノフィラム・マジュス

　　　　　2. ステロフィライト

　　　　　3. スペノプテリス属

14.　アッパーノートン層

　　ノートン石炭層

　　バージニア州ディケンソン郡、ジョージズフォークの国道 623 号

　　線と 624 号線の交差点から北に 0.3 マイルのところにあります。

　　化石:　　1. カラミテス属

　　　　　　2. 環状放射状

　　　　　　3. *Pinnularia (Myriophyllites)*

　　　　　　4. *Sphenopteris sp.*

15.　アッパーノートン層

　　スプラッシュダム炭層

　　バージニア州ディケンソン郡ヘイジーの東 2.5 マイル、ルート

　　83 (ディケンソン ハイウェイ) 沿いに位置し、ルート 83 と 680

　　のジャンクションから 0.4 マイルの場所にあります。

　　座標: 82-12-41W 37-12-46N

　　化石:　　1. 災厄は波打つ

　　　　　　2. カラミテス・ゲッパーティ。

3. スフェノプテリス属

4. スフェノプテリス・オブツシロバ、

16. アッパーノートン層

下バナー炭層

バージニア州ディケンソン郡パウンドの東約 10 マイル、州道 83 号線の南にあるレッド オニオン マウンテンに位置しています。

座標: 82-31-07W 37-06-38N

化石: 　1. エウスペノプテリス・ヌムラリア

17. アッパーノートン層

ケネディ炭層

バージニア州ブキャナン郡、ソー ミル ロードの州道 680 号線

沿い、ピルグロムズ ノブの南 1.5 マイルに位置しています。

座標: 81-54-54W 36-54-36N

化石: 　1. カラミティナ

2. アニュラリア・ラジアータ。

3. アヌラリア・アステリス。

4. アステロフィリティス キャラエフォミス

5. スフェノプテリス・クロソテカ・シャッ ツィアレンシス

6. スフェノプテリス・アディアントイデス

18. ノートン フォーメーション

「名前のない」炭層

Located along a railroad right of way parallel to the westbound lane along Route 58 inAppalachia, Wise County, Virginia.

Pocahontas Formation Pocahontas No. 3 coal bed

Located in a shaft mine, approximately 1500 feet below the surface, near Keen Mountain, Buchanan County, Virginia.

化石:　　1. 災害sp.

　　　　　2. *Neuralethopteris jongmansii* ラヴェイン

20. 分類されていない炭層

バージニア州ブキャナン郡ヴァンサントのすぐ北、州道83

号線から 3 マイル離れた州道 604 号線沿いにあります。

化石:　　1. ニューロプテリス・ヘテロフィラ

付録B

ケンタッキー州の収集場所による花のフォントル アセンブリ

1. ブレスライトの形成

   危険度 #9 炭層地平線

   ケンタッキー州レスリー郡ハイデンの西約 4 マイル、国道 421 号線から 2.8 マイルのところにあります。

   座標: 83-23-52W 37-09-17N

   化石　　1. サイクロプテリス属

   　　　　2 サイクロプテリス・オルビキュラリス

   　　　　3. スフェノプテリス属

   　　　　4. ニューロプテリス・デュサルティ

2. ブレスライトの形成

   ハザード#8(フランシス)/#9(ヒドマン)炭層層

場所は、ケンタッキー州レスリー郡ドライヒルの南東　3.3 マイル、

Lower Macintosh Rd.(KY-3425) から北に進んだ Aces Branch です。

座標: 83-20-20W 37-13-12N

化石:　1. レピドフィルム属

2. ホロニア・トルトゥオーサ

3. レピドストロバス・オバティフォリウス

4. 災厄のマルチラマス

5. カラミテス・サッコウィ

6. *Asterophyllites equisetiformis* (シュロスハ イム) ブロン ニャート

7. アニュラリア・スフェノフィロイデス。

8. カラモスタキス

9. スフェノフィリム・ロンギフォリウム。

10. アレトプテリス・バリダ

11. アフレビア・アルボレセンス

12. スフェノプテリス属

13. スフェノプテリス・セワルディ

14. エレモプテリス・アルティミシアエフォリア。

15. マリオプテリス・アクタ・ブロンニャート

16. カリノプテリス・ロブスタ

17. ニューロプテリス・オブリクア。

18. 2. ボスロデンドロン・プンクタタム

3.　ミンゴフォーメーション

上部ホワイトバーグ炭層

ケンタッキー州ペリー郡ヴィッコの東 0.3 マイル、I-15 沿いの

ノット郡とペリー郡の境界にある道路沿いに位置しています。

座標: 83-01-46W 37-13-08N

化石: 　1. ボスロデンドロン属

　　　　 2. スフェノプテリス属

　　　　 3. スフェノプテリス・ニューロプテロイデス

4.　ミンゴフォーメーション

ウィリアムソン炭層層

ケンタッキー州パイク郡シデニーの南東約 5 マイル、

米国ルート 119 沿いに位置しています。

座標: 82-26-26W 37-34-05N

化石: 　1. レピドストロボフィラム

5.　ミンゴフォーメーション

ケリオカ炭層

座標: 83-00-38W 36-52-78N

ケンタッキー州ハーラン郡ホームズミルの近くにあります。

化石: 　1. 災難は吸う

6.　ミンゴフォーメーション

アンバーギー炭層

Located 0.6 miles right off State Route 931 and 1.8 miles from the Junction of Route 931 and Route 15 North, Whitesburg, Letcher County, Kentucky.

Coordinates: 82-49-17W 37-08-35N

化石:　　1. *Pecopteris parvula*

　　　　2. クレヌロプテリス

7. 分類されていない炭層

ケンタッキー州パイク郡シドニーのすぐ北、国道 468 号線沿いにあります。

座標: 82-21-33W 37-37-15N

化石:　　1. パルマトプテリス・ファーカテ

8. 分類されていない炭層

ケンタッキー州レッチャー郡、ミルストーンの東約 3 マイル、ジャンクション I-119 と *Charlie White LN* の東 0.05 マイルに位置しています。

座標:82-44-05W 37-09-42N

化石:　　1. *Sphenopteris sp.*

　　　　2. マリオプテリス・デルノンクルティ

9.　　分類されていない炭層層

ケンタッキー州パイク郡マイラの南 1.1 マイル、ジャンクション

ルート 23 と 805 の南 3.1 マイルに位置しています。

座標: 82-35-58W 37-16-41N

化石:　1. ***Boweria schatzlarensis (Stur) Kidston***
　　　2. 環状放射状
　　　3. トリゴノカルプスの細長い形

10. 分類されていない炭層
ケンタッキー州パイク郡バージーにあります。
座標: 82-34-39W 37-20-06N
化石:　1. ボスロデンドロン属

11. 分類されていない炭層
ケンタッキー州パイク郡ベルフライの北0.5マイル、国道119号線沿いに位置する。
座標: 82-16-55W 37-37-40N
化石:　1. カラモスタキス・シンパー

付録C

ウェストバージニア州の 収 集場所による花のフ ォントル アセンブリ

1. ポカホンタスフォーメーション

   ポカホンタス第2炭層 州道77号線、ウェストバージニア州 マーサー郡フラット トップの南2.8マイル。

   化石:　1. レピドフロイオス・プロトゥベランス 2. ニュー ロプテリス・ポカホンタス

2. カナワ層

   パウエルトン炭層　ウェストバージニア州ローガン郡シャ ープルズ近くの鉱山にあります。

   化石:　1. *Lyginopteris cf.*ヘーニガウシ

3. 石炭層は見えない

ウェストバージニア州マクドウェル郡メイベリーから西 に
約 0.5 マイルのルート 52 沿いに位置しています。

化石:　　*1. Neuropteris ovata*

　　　　　2. Odontopteris aequalis (osmundaformis)

この本は、バージニア州南西部、ケンタッキー州南東部、ウェストバージニア州南西部を含む中央アパラチア炭田で発見されたペンシルベニア紀（石炭紀）の化石植物と樹木の写真ガイドの第2巻です。この本は、2017年に同じ主題で以前に出版された本を補完し、続編となっています。

ケンタッキー州モアヘッドのモアヘッド州立大学在学中に理学士号を取得しました。1979年12月、ケンタッキー州リッチモンドのイースタンケンタッキー大学で地質学の修士論文を修了しました。その後、1980年6月に米国労働省鉱山安全衛生局（MSHA）に入局しました。この機関で地質学者および炭鉱検査官として28年間勤務し、炭鉱や露頭で植物の化石を収集しました。

バージニア州南西部の道路の切通しです。約26年間、ケンタッキー州カンバーランドとバージニア州ワイズにある大学で地質学入門を教えていました。地質学を始めた頃は、岩石、鉱物、化石を集める「岩石愛好家」でした。高校を終える頃には、地質学者になろうと決め、大学に進学しました。実は、両親は岩石サンプルの収集で家がいっぱいになったので、家を出るよう強く勧めました。高校と大学では、鉱物や岩石から宝石を作る宝石細工をしていました。

www.ingramcontent.com/pod-product-compliance
Lightning Source LLC
Chambersburg PA
CBHW062116020426
42335CB00013B/983